5

Textbook Series: Fundamentals of Radiological Technology

Radiochemistry

診療放射線基礎テキストシリーズ

放射化学

前原 正義
森川 恵子
阪間 稔
鹿野 直人
伊藤 茂樹
眞正 浄光
著

共立出版

「診療放射線基礎テキストシリーズ」刊行に当たって

2014 年 12 月に診療放射線技師学校養成所指定規則の一部が改正され，2018 年 4 月から施行されています．この改正による国家試験の出題基準は 2020 年の国家試験から適用されることになります．現在は 2012 年版の出題基準を基本として 2020 年版の出題基準も参考として活用することにより国家試験が実施されています．

このような状況の中，新出題基準に基づいた教科書シリーズを企画いたしました．本シリーズは放射線物理学，放射化学，放射線生物学，放射線計測学，放射線安全管理学，医用工学の 6 冊で，診療放射線技師養成のための基礎科目群で構成されています．現在，診療放射線技師の活躍する放射線の医療現場においては，絶え間ない進歩がみられます．このような放射線技術革新に耐えうるような基礎科目の修得は不可欠です．この企画においては，それぞれの専門分野で活躍されている研究者，教育者の方々に執筆をお願いし，各冊とも複数の著者で構成されています．

読者対象は，これから診療放射線技師を目指している学生の教科書や参考書として使用されることを期待していますが，放射線医療に携わる看護師，医師などの副読本として活用されることを希望しています．

編集委員　鬼塚昌彦
齋藤秀敏
岩元新一郎

はじめに

本書は，シリーズの序文で紹介しているように，2020 年の国家試験から適用される診療放射線技師国家試験問題出題基準に準拠して編集された専門基礎科目シリーズの一冊です．

放射化学とは，放射性同位元素やその化合物の性質および化学反応を研究対象とする化学のひとつの学問です．診療放射線技師として，放射化学は専門分野の核医学検査技術学を履修するための基礎科目です．特に臨床の現場では，従来の核医学イメージングに加え分子イメージング手法が活用されるようになりました．分子イメージング手法の登場で，適切な治療を選択できるような病態の評価や治療効果判定などの画像情報が得られるようになりました．このような状況下で，放射化学の知識が根底にあってはじめて，適切で最善の医療行為を十分に発揮することが可能となります．

本書は，出題基準に基づいているため，出題基準の大項目が章立てになっています．そのため，用語の出現が前後する懸念もありましたが各執筆者はその点を十分に配慮し解説しています．

第 1 章（元素）では，まずすべての物質は基本要素である原子の基本的な物理学的特徴や放射性核種について詳細に説明しました．ここでは，理解を深めるよう図や表に工夫されていて，第 2 章以降の学習の導入となる構成となっています．

第 2 章（放射性核種の製造）では，核反応の基礎を解説しました．特に，放射性核種の製造のために用いられる核反応である中性子核反応および荷電粒子核反応についてはわかりやすく解説されています．放射性核種の利用で重要な役割を果たすジェネレータの原理や仕組みやミルキングについてもわかりやすく解説されています．

第 3 章（放射化学分離と純度検定に関する分析法）では，まず放射性同位体のトレーサ量特性に基づく一般的な分析化学的手法を解説し，それを基にした放射性同位体の各種放射化学的分離法について解説されています．

第4章（放射性標識化合物）では，放射性標識化合物の合成，純度，保存について説明しました．標識用核種に特有な合成法がありますが，丁寧に説明され十分な理解が得られるよう配慮されています．保存状態では放射性標識化合物の分解につながり，純度とともに診療に影響を与えることになります．ここでは，これらの抑制法などが平易に解説されています．

放射性核種を利用した化学分析は，医療以外の領域で広く利用されています．第5章（放射性核種の化学的利用）では，放射化学分析法，放射分析法，放射化分析法，PIXE法，同位体希釈分析法について原理およびその特徴について解説するとともに活用される分野について理解が得られるように配慮されています．

本書の特徴をまとめますと下記の4項目です．

1. 2020年の国家試験から適用される診療放射線技師国家試験出題基準に準拠して編集された専門基礎科目シリーズの一冊である．
2. 診療放射線技師に必要な知識に絞られた内容で教科書として使用できる．
3. 章末には，過去の国家試験問題やオリジナルの演習問題を掲載し学習の助けになるように配慮されている．
4. 診療放射線業務に実際に従事している方にとっても知識の再構築ができる充実した内容である．

本書の執筆をご担当いただいた先生方は，放射化学の分野で活躍されている研究者や教育者の方々で，図表を多く活用して学習しやすいように解説して頂きました．

最後になりましたが，本書出版の機会を与えて頂いた共立出版(株)の寿様，瀬水様に感謝いたします．

2020年8月

鬼塚 昌彦

目　　次

第1章　元　素

第2章　放射性核種の製造

第3章　放射化学分離と純度検定に関する分析法

第4章　放射性標識化合物

第5章　放射性核種の化学的利用

執筆担当

第1章	元　素	前原正義
第2章	放射性核種の製造	森川恵子
第3章	放射化学分離と純度検定に関する分析法	阪間　稔
第4章	放射性標識化合物	
	4.1　合　成	鹿野直人
	4.2　標識化合物の純度	伊藤茂樹
	4.3　保　存	伊藤茂樹
第5章	放射性核種の化学的利用	眞正浄光

1 元　素

1.1 元素の性質

すべての物質は基本要素である原子から成っており，その原子は，正の電荷をもった陽子と電気的に中性な中性子から成る原子核を中心として，その周りに負の電荷をもった軌道電子から構成される．

1.1.1 周　期　律

原子核（atomic nucleus）を構成する**陽子**（proton）の数を**原子番号**（atomic number）と呼び，原子番号すなわち陽子の数が異なれば，その**原子**（atom）の性質が異なる．電気的に中性な原子は，陽子の数と**軌道電子**の数は等しい．また，原子核内の陽子と**中性子**（neutron）を区別しないで取り扱うときは，原子核を**核子**（nucleon）と呼ぶ．特定の原子番号から成る物質種（原子）を元素（element）と呼び，それぞれに**元素記号**（元素名の頭文字またはそれの綴り字中の文字の組み合わせ）を割り当てて表す．

(1)　ボーアの原子模型

19世紀初頭，ドルトンは，「物質はこれ以上分割することができない原子からできている」という原子論を発表し，「原子の質量はその種類によって異なる」という原子論をも示した．

19世紀後半になると，クルックスやトムソンの真空管の実験から陰極線を発見し，電磁場に対する陰極線の振る舞いから，陰極線は負に帯電した粒子，

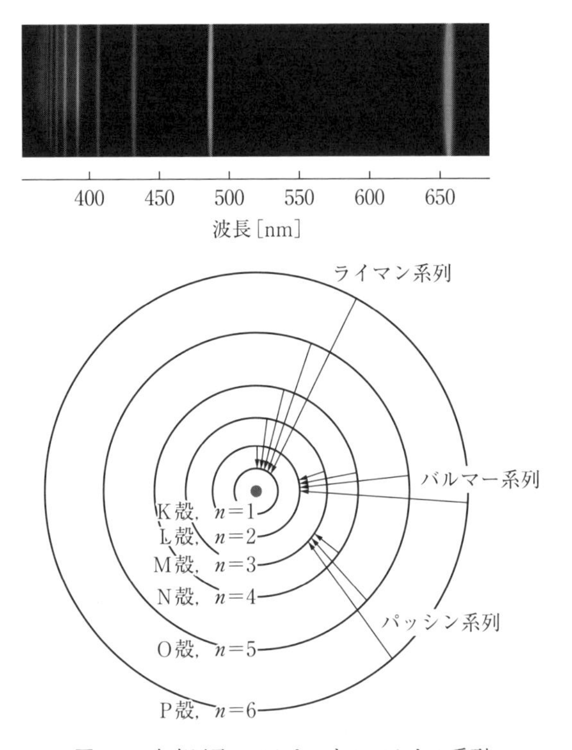

図 1.1　水素原子スペクトルとスペクトル系列

すなわち電子の存在を確立した．20 世紀初頭，ミリカンは電子の電荷を決定し，電子の質量が得られた．

時を同じくして，ラザフォードは，金箔に α 粒子を照射すると，大多数の粒子は真直ぐ通り抜けるが，ごくわずかではあるが大きく曲げられるという実験事実から原子核の存在を確かめ，「原子の中心にきわめて小さいが質量の大きな正電荷をもった原子核が存在し，その周りに原子核の電荷を中和する電子が存在する」という電子モデルを示した．

19 世紀後半，バルマーは，放電管に水素を入れて放電させ，放射される光を観測すると，水素の原子スペクトルは遠紫外から赤外領域に渡る輝線（線スペクトル）は，いくつかの系列に分類（図 1.1）でき，次のような一般式で表されることを見出した．

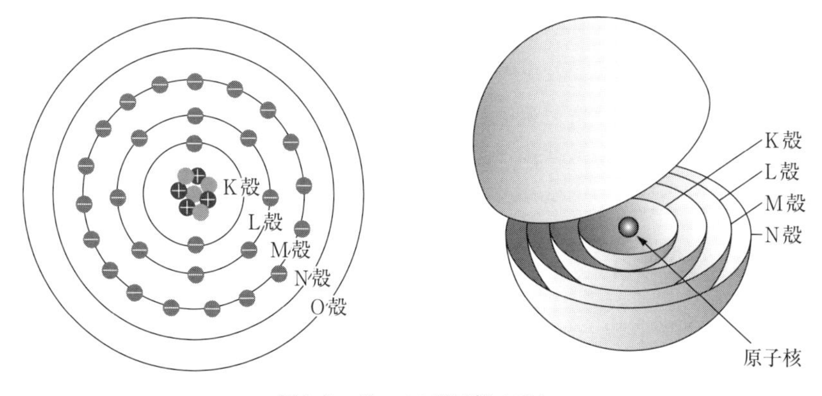

図 1.2 ボーアの電子殻モデル

$$\tilde{\nu}=\frac{1}{\lambda}=R\left(\frac{1}{m^2}-\frac{1}{n^2}\right) \tag{1.1}$$

20 世紀になり，ボーアは，ラザフォードの原子モデル，プランクの量子論を基に，水素原子スペクトルの説明に，「原子は，正の電荷をもつ小さな原子核とそのまわりを軌道を描いて周回する電子から成る」とするボーアの原子モデルを示した（図 1.2）．この原子モデルにおいては，電子は量子化された異なった複数のエネルギー準位において円運動をしているとし，エネルギーの放出・吸収により，異なったエネルギー準位に移ることができる．しかし，水素原子以外の原子に適用することができず，その後の実験により根本的に間違っていることが示された．ボーアの原子モデルはその後の理論への道を開いた．

(2) 波動関数と量子数

その後，アインシュタインやコンプトンは，電磁波は波動としての性質と示すとともに粒子としての性質を示すことを明らかにした．ド・ブロイやシュレディンガーは，光は波と粒子の性質をもつので，電子も同様に波と粒子の両方の性質（二重性）をもつのではないかと考えた．

シュレディンガーは，この考えを基に数学的な解析を行った結果，水素以外の原子にも適用できると考えた．原子中の電子を波動として見なし，電子軌道の大きさが波長の整数倍のとき電子は定常波として存在することができるとした．電子の運動状態を電子の全エネルギーと関係づける波動方程式を導き，これを解いて得られる波動関数によって電子の状態を表した．定常波における波動関数はとびとびのエネルギー固有値に対応し，3つの**量子数**（quantum number）（**主量子数，方位量子数，磁気量子数**）で規定される．波動関数の2乗は空間における電子の存在確率を表すため，波動関数から空間における電子の存在確率を求めることができる．電子の存在確率を原子核のまわりに表すと，原子核を取り巻く雲のように見えることから，電子の分布を電子雲と呼ぶ．

この3つの量子数で規定される原子中の電子状態の波動関数を原子軌道（atomic orbital）と呼び，3つの量子数の値によって原子軌道の大きさ，形などが決まる．さらに，電子自身の状態を示すためにもう一つの量子数（**スピン量子数**）を導入し，4つの量子数によって原子中の電子の状態を記述することができる．

量子数と電子の状態の関係を次に示す．

a　**主量子数**（principal quantum number）：n

主量子数は，軌道の大きさ，つまり電子の空間的な広がりと軌道エネルギー（その状態にある電子のエネルギー）を規定する量子数である．nのとり得る値は，正の整数$1, 2, 3, \cdots, n$である．nの値が大きいほど軌道が大きく，軌道エネルギーは高い．同じnの値をもつ軌道をまとめて殻（電子殻，electronic shell）と呼び，nの値に対応させ，K殻，L殻，M殻，…と表す．

b　**方位量子数**（orientation quantum number）：l

方位量子数は，軌道運動する電子の角運動量を規定するもので，軌道の形（電子が存在する確率の高い領域）を表す（図1.3）．lのとり得る値は，主量子数nの値により$0, 1, 2, \cdots, (n-1)$である．同じ電子殻（主量子数nが同じ）でもlが異なれば軌道エネルギーは少し異なる．lの値に対して，$l=0$はs軌道，$l=1$はp軌道，$l=2$はd軌道，$l=3$はf軌道と呼ぶ．主量子数nの値と組み合わせ，1s軌道（$n=1$，$l=0$），2s軌道（$n=2$，$l=0$），2p軌道（$n=2$，$l=1$），3s軌道（$n=3$，$l=0$），…と表す．同じs軌道でも1s軌道と2s軌道では軌道の大きさが異なる，すなわち2s軌道の電子は1s軌道の電子よりも存在確率が遠いところまで広がっている．

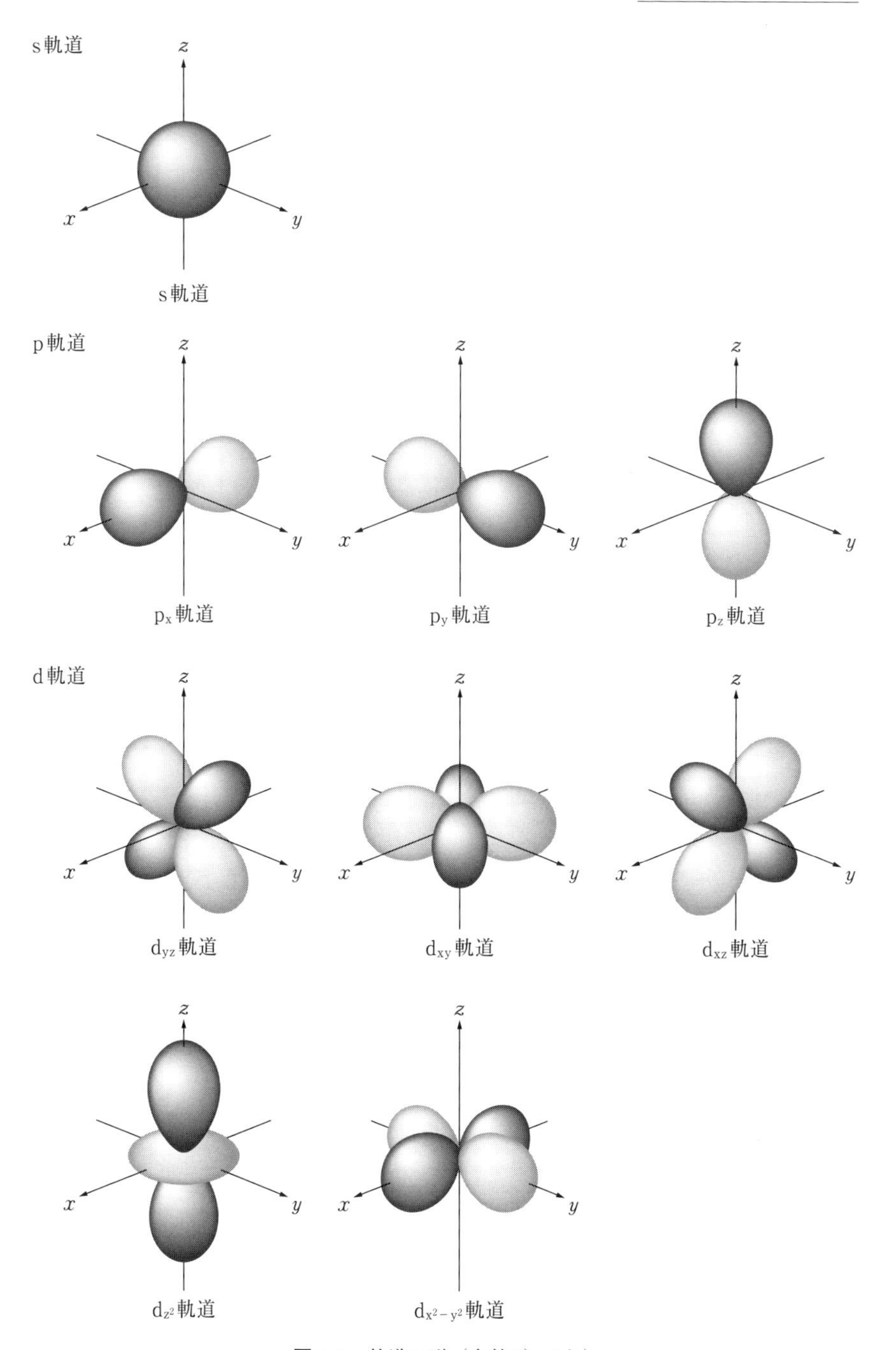

図 1.3 軌道の形（文献 3）より）

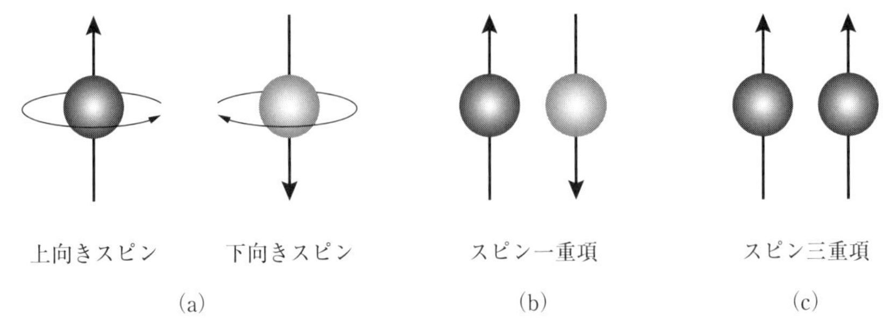

図1.4　電子スピン

c　**磁気量子数**（magnetic quantum number）：m

磁気量子数は，空間における配向を規定する．m のとり得る値は，方位量子数 l の値に対して $-l, -(l-1), \cdots, -1, 0, 1, \cdots, (l-1), l$ の値である．たとえば，2p 軌道（$n=2$，$l=1$）には $m=-1, 0, 1$ の 3 種類，3d 軌道（$n=3$，$l=2$）には $m=-2, -1, 0, 1, 2$ の 5 種類，4f 軌道（$n=4$，$l=3$）には $m=-3, -2, -1, 0, 1, 2, 3$ の 7 種類の軌道が含まれる．磁場が存在しないとき複数の軌道は縮重（軌道エネルギーは同じ）しているが，磁場中におかれた場合は軌道エネルギーが異なる．

d　**スピン量子数**（spin quantum number）：s

電子はすべて同じ大きさのスピン角運動量をもち，スピン量子数はその電子の配向を規定する．スピン量子数は $+1/2$，$-1/2$ の 2 種類の値をとる．電子は，地球のような自転運動をしており，スピン量子数は自転方向（右回り，左回り）の違いと考えてよい（図 1.4）．

これらの 4 つの量子数によって同一原子中の 1 つの電子の状態を表すことができる．

(3)　原子の電子配置

水素のような 1 電子原子の軌道エネルギーの順序は $1s < 2s = 2p \leqq 3s = 3p = 3d < 4sb \cdots$ であるが，2 電子原子以上の多電子原子になると電子間の静電的相互作用（反発）等のため，同じ主量子数の軌道でも方位量子数の値によってエネルギーは異なり，1 電子原子のようなエネルギー準位が逆転する．多電子原子の**エネルギー準位**（電子の配置順）を図 1.5 に示す．

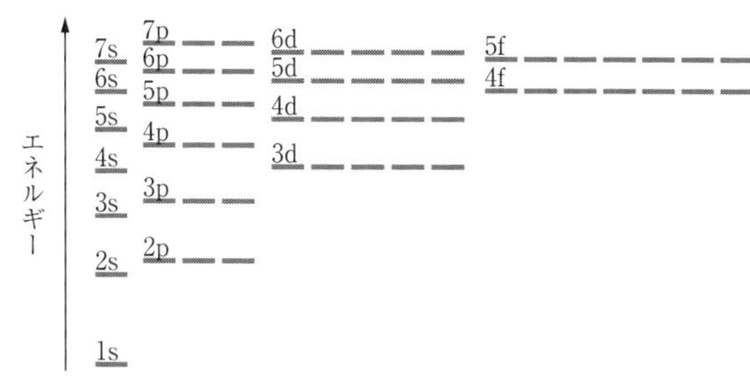

主量子数		軌道の記号						
殻	n	s	p	d	f	g	h	i
Q	7	7s	7p	7d	7f	7g	7h	7i
P	6	6s	6p	6d	6f	6g	6h	
O	5	5s	5p	5d	5f	5g		
N	4	4s	4p	4d	4f			
M	3	3s	3p	3d				
L	2	2s	2p					
K	1	1s						

図 1.5 多電子原子のエネルギー準位と順序

原子の電子配置を考える上で重要な 3 つの規則（原理）がある．1 つ目は，「1 つの原子中では 4 つの量子数の組み合わせは 1 つしか存在できない」という**パウリの排他原理**（Pauli exclusion principle）である．この原理に従うと，スピン量子数の異なる 2 つの電子（+1/2，−1/2）が 3 つの量子数（主量子数，方位量子数，磁気量子数）で規定される 1 つの軌道に入ることができる．2 つ目に，「複数の電子が同じエネルギー準位の軌道に入るときは，同じスピン量子数の電子が異なる軌道に 1 つずつ入る」という**フントの規則**（Hunt rules）である．この電子配置がエネルギー的に低い．3 つ目に，「基底状態では，電子はエネルギーの低い軌道から順にパウリの原理に従って配置される」という**構成原理**（configuration principle）（**築き上げの原理**ともいう）である．

3 つの規則に従った原子の電子配置を，ボックスダイヤグラムを用いて表

表 1.1 量子数と電子配置

量子数/記号 ＼ 殻	K 殻	L 殻				M 殻									N 殻	軌道表記による電子配置
主量子数 n	1	2				3									4	
方位量子数 l	0	0	1			0	1			2					0	
磁気量子数 m	0	0	-1	0	1	0	-1	0	1	-2	-1	0	1	2	0	
スピン量子数 s	±½	±½	±½	±½	±½	±½	±½	±½	±½	±½	±½	±½	±½	±½	±½	
最大許容電子数	2	2	6			2	6			10					2	
軌道の記号	1s	2s	2p			3s	3p			3d					4s	
^{1}H	↑															$1s^{1}$
^{2}He	↑↓															$1s^{2}$
^{3}Li	↑↓	↑														$1s^{2}2s^{1}$
^{3}Li	↑↓	↑↓														$1s^{2}2s^{2}$
^{6}C	↑↓	↑↓	↑	↑	□											$1s^{2}2s^{2}2p^{2}$
^{7}N	↑↓	↑↓	↑	↑	↑											$1s^{2}2s^{2}2p^{3}$
^{8}O	↑↓	↑↓	↑↓	↑	↑											$1s^{2}2s^{2}2p^{4}$
^{9}F	↑↓	↑↓	↑↓	↑↓	↑											$1s^{2}2s^{2}2p^{5}$
^{10}Ne	↑↓	↑↓	↑↓	↑↓	↑↓											$1s^{2}2s^{2}2p^{6}$
^{18}Ar	↑↓	↑↓	↑↓	↑↓	↑↓	↑↓	↑↓	↑↓	↑↓							$1s^{2}2s^{2}2p^{6}3s^{2}3p^{6}$=[Ar]
^{19}K	↑↓	↑↓	↑↓	↑↓	↑↓	↑↓	↑↓	↑↓	↑↓	□	□	□	□	□	↑	[Ar]$4s^{1}$
^{20}Ca	↑↓	↑↓	↑↓	↑↓	↑↓	↑↓	↑↓	↑↓	↑↓	□	□	□	□	□	↑↓	[Ar]$4s^{2}$
^{24}Cr	↑↓	↑↓	↑↓	↑↓	↑↓	↑↓	↑↓	↑↓	↑↓	↑	↑	↑	↑	↑	↑	[Ar]$4s^{1}3d^{5}$
^{25}Mn	↑↓	↑↓	↑↓	↑↓	↑↓	↑↓	↑↓	↑↓	↑↓	↑	↑	↑	↑	↑	↑↓	[Ar]$4s^{2}3d^{5}$
^{29}Cu	↑↓	↑↓	↑↓	↑↓	↑↓	↑↓	↑↓	↑↓	↑↓	↑↓	↑↓	↑↓	↑↓	↑↓	↑	[Ar]$4s^{1}3d^{10}$

1.1 に示す．なお，電子のスピンの向きを上向きと下向きの矢印で示す．

(4)　周期表の分類

19 世紀中ごろ，メンデレーエフは，元素を原子量の増加順に並べると，融点や沸点，単原子イオンの価数など，原子の性質が周期的に変化することに着目し，**周期表**（periodic table）を発表した．また，それまでに知られていた原子量や化合物の化学式の訂正の必要性，未発見元素の存在および性質の予言を行い，以後それらの元素の発見へとつながった．この「元素を原子量の順に並べると，元素の性質が順に少しずつ変わり，また類似した性質の元素が周期的に現れる」ことを元素の**周期律**（periodic law of elements）といい，周期律に従って元素を配列した表を元素の周期表（periodic table of elements）という．

20 世紀初頭，モーズリーは，元素に陰極線を当てて X 線を発生させ，その波長を調べた．各元素はそれぞれ特有の線スペクトル（**特性 X 線**，characteristic X-ray）を発生するが，ある系列の特性 X 線は，原子番号が増すとその波長が短くなることを発見し，原子番号 Z と特性 X 線の振動数 ν との間に次の関係式を見出した．

$$\sqrt{\nu}=a(Z-b) \tag{1.2}$$

ここで，a，b は系列によって決まり，元素の種類に依存しない定数である．

波長 λ（$=c/\nu$，c：光の速度）を用いると次のようになる．

$$\frac{1}{\sqrt{\lambda}}=\frac{a}{\sqrt{c}}(Z-b) \tag{1.3}$$

この関係を図 1.6 に示す．特性 X 線の波長がわかれば原子番号を知ることができ，原子番号 72 のハフニウム Hf と 75 のレニウム Re が発見された．

その後，原子構造に基づく周期律の理論が確立し，現在は原子番号の順に配列した周期表となっている．周期表の縦の列を族といい，1 族から 18 族まである．周期表の横の列を周期といい，元素の電子配置は 7 つの周期に分けられる．各周期は s 軌道に電子が 1 つ配置された元素に始まり，s 軌道に 2 個，p 軌道に 6 個の電子が配置した元素で終わる．元素の化学的性質は，原子の最も外側の電子殻にある電子（**最外殻電子**）によって決まり，元素の化学的性質の周期性が元素の電子配置の周期性に依存していることがわかる．現在の周期表

表 1.2　元素の

族 周期	1	2	3	4	5	6	7	8	9
1	1 H Hydrogen 水素 1.008								
2	3 Li Lithium リチウム 6.941	4 Be Beryllium ベリリウム 9.012							
3	11 Na Sodium ナトリウム 22.99	12 Mg Magnesium マグネシウム 24.31							
4	19 K Potassium カリウム 39.10	20 Ca Calcium カルシウム 40.08	21 Sc Scandium スカンジウム 44.96	22 Ti Titanium チタン 47.87	23 V Vanadium バナジウム 50.94	24 Cr Chromium クロム 52.00	25 Mn Manganese マンガン 54.94	26 Fe Iron 鉄 55.85	27 Co Cobalt コバルト 58.93
5	37 Rb Rubidium ルビジウム 85.47	38 Sr Strontium ストロンチウム 87.62	39 Y Yttrium イットリウム 88.91	40 Zr Zirconium ジルコニウム 91.22	41 Nb Niobium ニオブ 92.91	42 Mo Molybdenum モリブデン 95.95	43 ☢ Tc Technetium テクネチウム (99)	44 Ru Ruthenium ルテニウム 101.1	45 Rh Rhodium ロジウム 102.9
6	55 Cs Cesium セシウム 132.9	56 Ba Barium バリウム 137.3	57～71 Lanthanide Series ランタノイド	72 Hf Hafnium ハフニウム 178.5	73 Ta Tantalum タンタル 180.9	74 W Tungsten タングステン 183.8	75 Re Rhenium レニウム 186.2	76 Os Osmium オスミウム 190.2	77 Ir Iridium イリジウム 192.2
7	87 ☢ Fr Francium フランシウム (223)	88 ☢ Ra Radium ラジウム (226)	89～103 Actinide Series アクチノイド	104 ☢ Rf Rutherfordium ラザホージウム (267)	105 ☢ Db Dubnium ドブニウム (268)	106 ☢ Sg Seaborgium シーボーギウム (271)	107 ☢ Bh Bohrium ボーリウム (272)	108 ☢ Hs Hassium ハッシウム (277)	109 ☢ Mt Meitnerium マイトネリウム (276)

原子番号 1 / 元素記号 H / Name 元素名 Hydrogen 水素 / 原子量 1.008

標準状態での性状

気体

液体

固体

合成

☢ は放射性同位体のみ

Lanthanides ランタノイド	57 La Lanthanum ランタン 138.9	58 Ce Cerium セリウム 140.1	59 Pr Praseodymium プラセオジム 140.9	60 Nd Neodymium ネオジム 144.2	61 ☢ Pm Promethium プロメチウム (145)	62 Sm Samarium サマリウム 150.4
Actinides アクチノイド	89 ☢ Ac Actinium アクチニウム (227)	90 ☢ Th Thorium トリウム 232.0	91 ☢ Pa Protactinium プロトアクチニウム 231.0	92 ☢ U Uranium ウラン 238.0	93 ☢ Np Neptunium ネプツニウム (237)	94 ☢ Pu Plutonium プルトニウム (239)

周期表

10	11	12	13	14	15	16	17	18
								2 He Helium ヘリウム 4.003
			5 B Boron ホウ素 10.81	6 C Carbon 炭素 12.01	7 N Nitrogen 窒素 14.01	8 O Oxygen 酸素 16.00	9 F Fluorine フッ素 19.00	10 Ne Neon ネオン 20.18
			13 Al Aluminum アルミニウム 26.98	14 Si Silicon ケイ素 28.09	15 P Phosphorus リン 30.97	16 S Sulfur 硫黄 32.07	17 Cl Chlorine 塩素 35.45	18 Ar Argon アルゴン 39.95
28 Ni Nickel ニッケル 58.69	29 Cu Copper 銅 63.55	30 Zn Zinc 亜鉛 65.38	31 Ga Gallium ガリウム 69.72	32 Ge Germanium ゲルマニウム 72.63	33 As Arsenic ヒ素 74.92	34 Se Selenium セレン 78.97	35 Br Bromine 臭素 79.90	36 Kr Krypton クリプトン 83.80
46 Pd Palladium パラジウム 106.4	47 Ag Silver 銀 107.9	48 Cd Cadmium カドミウム 112.4	49 In Indium インジウム 114.8	50 Sn Tin スズ 118.7	51 Sb Antimony アンチモン 121.8	52 Te Tellurium テルル 127.6	53 I Iodine ヨウ素 126.9	54 Xe Xenon キセノン 131.3
78 Pt Platinum 白金 195.1	79 Au Gold 金 197.0	80 Hg Mercury 水銀 200.6	81 Tl Thallium タリウム 204.4	82 Pb Lead 鉛 207.2	83 Bi Bismuth ビスマス 209.0	84 Po Polonium ポロニウム (210)	85 At Astatine アスタチン (210)	86 Rn Radon ラドン (222)
110 Ds Darmstadtium ダームスタチウム (281)	111 Rg Roentgenium レントゲニウム (280)	112 Cn Copernicium コペルニシウム (285)	113 Nh Nihonium ニホニウム (278)	114 Fl Flerovium フレロビウム (289)	115 Mc Moscovium モスコビウム (289)	116 Lv Livermorium リバモリウム (293)	117 Ts Tennessine テネシン (293)	118 Og Oganesson オガネソン (294)

63 Eu Europium ユーロピウム 152.0	64 Gd Gadolinium ガドリウム 157.3	65 Tb Terbium テルビウム 158.9	66 Dy Dysprosium ジスプロシウム 162.5	67 Ho Holmium ホルミウム 164.9	68 Er Erbium エルビウム 167.3	69 Tm Thulium ツリウム 168.9	70 Yb Ytterbium イッテルビウム 173.0	71 Lu Lutetium ルテチウム 175.0
95 Am Americium アメリシウム (243)	96 Cm Curium キュリウム (247)	97 Bk Berkelium バークリウム (247)	98 Cf Californium カリホルニウム (252)	99 Es Einsteinium アインスタイニウム (252)	100 Fm Fermium フェルミウム (257)	101 Md Mendelevium メンデレビウム (258)	102 No Nobelium ノーベリウム (259)	103 Lr Lawrencium ローレンシウム (262)

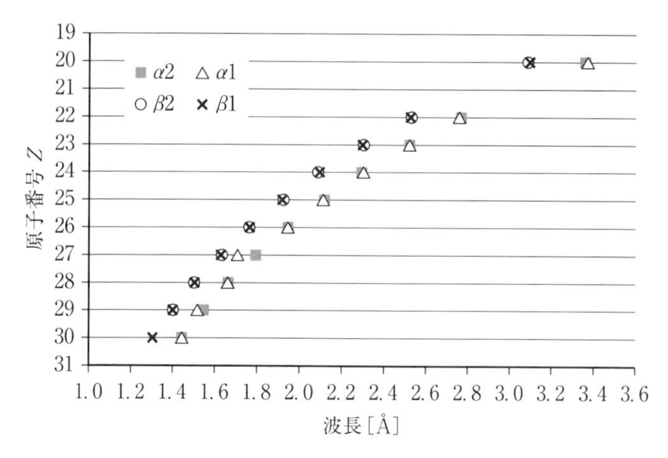

(a)　元素の特性X線スペクトル

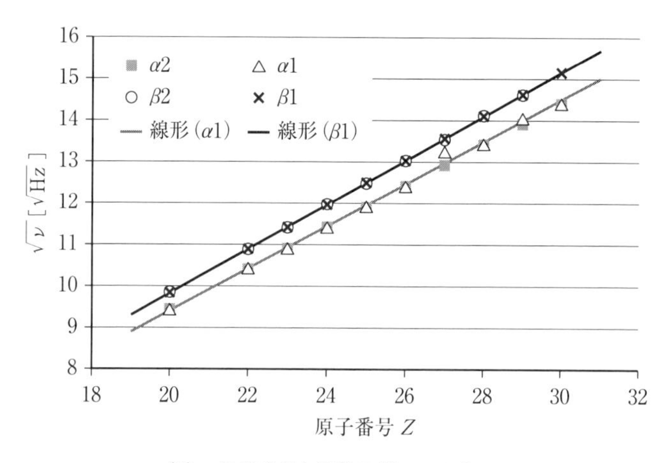

(b)　原子番号と特性X線スペクトル

図1.6　原子番号と特性X線

を表1.2に示す．

元素を分類する最も基本的な方法は金属（metals）と非金属（non metals）に分類することである．金属は，1）光沢がある，2）破壊することなく変形させることができる（延性（引き伸ばして細線にできる），展性（伸ばして箔にできる））．3）優れた熱伝導性と電気伝導性をもつ，などの物理的性質をもつ．

これらの特性は**自由電子**（金属内で自由に動き回っている電子，free electron）の存在によって説明できる．金属表面に当たった光は，ほとんどが自由電子によって反射されるので金属表面が輝いて見え，光沢の原因となる．電気と熱の良導性，延性および展性も電子が自由に動けることによるものである．

非金属は，いくつかの例外はある（たとえば，固体のヨウ素は光沢がある，グラファイトは電気の良導体，ダイヤモンドは熱の良導体）が金属のような性質を示さない．しかし，金属と非金属の最も興味深い違いは，金属は電子を失って陽イオンになり，非金属は電子を受け取って陰イオンになる傾向があることである．

大部分の元素は単体で金属に分類される．金属は周期表の左側と中央部に位置し，非金属は比較的少なく周期表の右上あたりに位置している．周期表の金属と非金属の境に位置する元素は単体で金属と非金属の中間的な性質をもち半金属（semimetals）と呼び，金属と同様に温度上昇に伴って電気抵抗は増すが，電気抵抗率は金属と比べて非常に大きい．これは，金属に比べて半金属中の自由電子の数が非常に少ないことによるものである．

1族，2族および12～18族を**典型元素**（typical elements）と呼び，原子番号の増加とともに価電子が1つずつ増えていく元素と定義される．3～11族を**遷移元素**（transition elements）と呼ぶ（欧米では，12族を遷移元素として扱う場合がある）．

化学的性質の類似性から，1族（水素を除く）元素を**アルカリ金属**（alkaline metals），2族元素を**アルカリ土類金属**（alkali earth metal）（書籍によって，ベリリウム Be とマグネシウム Mg を含めたものと含めないものがある），17族元素を**ハロゲン**（halogens），18族元素を**希ガス**（rare gal）（貴ガス，noble gas）と呼ぶ．希ガスはイオンになりにくく，単原子分子の気体である．周期表の左側の元素は陽イオンになりやすく，18族の元素を除いて右側の元素は陰イオンになりやすい．原子番号57のランタン La～71のルテチウム Lu をランタノイド（lanthanids，希土類元素（rare earth elements）），89のアクチニウム Ac～103のローレンシウム Lr をアクチノイド（actinides）と呼ぶ．

元素の周期律は，元素のモル体積，イオン半径，イオン化エネルギー，沸点・融点などの物理的性質にもみられる．

1.1.2　同位体存在度

(1)　原子の表記法

原子を構成する要素がわかったので，元素を表現する方法も決める．陽子数（原子番号）Zと中性子数Nの和をAで表し，**質量数**（mass number）と呼ぶ．元素記号Xの左下に原子番号Z，左上に質量数Aを記す．さらに，イオンの価数cと符号（+/−）を右上に，化学式など元素が複数から成る場合はその個数nを右下に記す．

$${}^{A}_{Z}\mathrm{X}^{c(+/-)}_{n}$$

(2)　核種と同位体

原子番号Zが同じで質量数Aの異なる，すなわち中性子数Nの異なる核子が存在する．核子で分類した原子の種類を**核種**（nuclide）という．原子番号Zが同じで質量数Aが異なる核種はすべて同じ元素に属し，それらを同位体（isotope）という．同位体の化学的性質はまったく同じなので，元素が決まれば原子番号Zは一義的に決まるため，核種の表記法のZを省略して記述することが多い．ある時点から時間が経過してもそのままの状態で存在する同位体を**安定同位体**（stable isotope）と呼ぶ．化学的挙動は安定同位体と同じであるが，不安定で時間が経過するとエネルギーを放出し別な元素やエネルギーの低い状態に変化する核種がある．この不安定な同位体を**放射性同位体**（radio-isotope）と呼ぶ．

元素の中には天然に単一の核種しか存在しない元素が21種類あるが，その他の元素は複数の同位体が存在する．自然界における同位体の存在割合をパーセント％で表したものを**同位体存在度**（isotope abundance）という．この同位体存在度から平均原子量が計算できる．

陽子数は異なるが質量数は同じ核種どうしを**同重体**（isobar）と呼ぶ．陽子数が異なるため化学的性質は異なり，元素も異なる．中性子数が同じ核種どうしを**同中性子体**（isotone）と呼ぶ．化学的性質も元素も異なる．

陽子数と中性子数は同じであるが，核内のエネルギー状態が異なる核種どうしを**核異性体**（nuclear isomer）という．エネルギーの最も低い状態を基底状態といい，それ以上のエネルギーの高い状態を励起状態（excited state）と呼ぶ．励起状態からエネルギーを放出し低い状態に遷移する．このとき，励起状態の寿命が0.01秒以上の核種の表記の質量数 A に m（metastable state，準安定状態）をつけ，核種どうしを区別する．このときの遷移を特に**核異性体転移**（nuclear isomeric transition：IT）という．

1.2　放射性核種

自然現象は不安定な状態からより安定な状態へと変化する．放射性核種も同様である．放射性同位体は，原子核内のエネルギーを種々の放射線（radiation）として放出し，より安定な状態になる．この過程を**放射性壊変**（radioactive disintegration，**放射性崩壊** radioactive decay）と呼ぶ．対象としている系の放射性壊変を起こす核種を親核種（parent nuclide），放射性核種により生じた核種を娘核種（daughter nuclide）という．生じた娘核種が放射性核種の場合，さらに放射性壊変を起こす．この核種を孫核種（grandchild nuclide）という．放射性壊変が繰り返し起こり，連続した一連の系列を成すため壊変系列（decay series）といい，放射性壊変が順次連続して起こることから逐次放射性壊変（sequential radioactive decay，逐次壊変）ともいう．

原子が放射線を放出する能力を**放射能**（radioactivity，単に activity ということもある）といい，放射能の強さは単位時間当たりの壊変数（＝壊変率，s^{-1}）として定義され，特別な単位としてベクレル Bq（becuerel）が使用される（1977年 国際放射線防護委員会 International Commission on Radiation Protection：ICRP）．また，Bq の代わりに dps（disintegrations per second, decay per second）を用いることがある．Bq は壊変速度を示しているものであり，放射線の種類やエネルギーに依存しない．放射能が同じ値でも，その危険度は放射線の種類やエネルギー，または放射性核種によって異なる．

歴史的には，ラジウム Ra 1 g を 1 Ci と定義していた．Bq に換算すると，1 Ci＝37 GBq となる．

1.2.1　放射性壊変

放射性核種の時刻 $t=0$ における原子数が，放射性壊変によって半分になるまでの時間を**半減期**（half time）という．

放射性壊変の形式を**壊変形式**（types of radioactive disintegration）といい，次のように分類される．

(1) **α 壊変**（α-decay，α 崩壊）

原子核からヘリウム He の原子核が放出されてより安定化する過程を α 壊変という．質量数 $A>140$（大部分は原子番号 $Z \geqq 82$）の重い核種で起こり，α 壊変により原子番号 Z は 2 減り，質量数 A は 4 減少する．天然に存在する放射性核種で観察されるため，歴史的に早くから研究が行われてきた．

(2) **β 壊変**（β-decay，β 崩壊）

原子核内から高速の電子（β 線，β-ray）を放出して別の核種に変わる過程を β 壊変という．β 壊変には，中性子から電子（陰電子，electron，β^- 線）が放出される過程（**β^- 壊変**）と陽子から陽電子（positron，β^+ 線）が放出される過程（**β^+ 壊変**）がある．β^- 壊変により原子番号 Z は 1 増加し，β^+ 壊変では 1 減少する．しかし，質量数はいずれの壊変でも変化しない．β^- 壊変は安定な核種に比べ中性子数がやや過剰な原子核で起こる．

β^+ 壊変により放出された陽電子は，物質中の電子と結び付き 2 本の放射線（電磁波）を互いに反対方向に放出する．この現象を**電子対消滅**（electron annihilation）といい，放出される電磁波を**消滅放射線**（annihilation radiation）という．1 本の消滅放射線のエネルギーは電子 1 つ分の質量に等しい 0.511 MeV である．

(3) **γ 壊変**（γ-decay，γ 崩壊）

放射壊変が起こった後の原子核は励起状態にあることが多く，きわめて短い時間でエネルギー（電磁波）を放出する．原子核内から放出される電磁波を γ 線（γ-ray）といい，この過程を **γ 壊変**という．X 線も γ 線と同様に電磁波であるが，γ 線は原子核からのエネルギーの放出であるのに対し，X 線は原子核外から発生する電磁波である．

γ 壊変により多くは γ 線として外部に放出されるが，それ以外にも次のような相互作用が起きる．1 つは，γ 線が軌道電子にエネルギーを与え，軌道電子を外部に放出する現象である．この現象を**内部転換**（internal conversion：IC）といい，放出される電子を**内部転換電子**（conversion electron）と呼ぶ．

内部転換電子のエネルギーはγ線のエネルギーと軌道電子のエネルギーの差となる．内部転換の確率をγ線放出の確率で除した，つまり内部転換電子数N_eのγ線光子数N_γに対する比を**内部転換係数**（internal conversion factor）といい，内部転換係数が大きいほど内部転換が起こりやすい．一般により内殻の電子，すなわちK殻電子が最も放出されやすい．

(4)　軌道電子捕獲（electron capture：EC）

原子核が内殻の軌道電子1つを取り込む，この現象を**軌道電子捕獲**（軌道電子捕獲壊変，EC decay，単に電子捕獲ということもある）という．すなわち陽子が軌道電子と結び付き中性子に変わる．したがって，原子番号は1つ減少するが，質量数は変化しない．原子核内の陽子に関する現象であるため，陽子が陽電子を放出する過程（β^+壊変）との競合となる．

軌道電子捕獲が起こると内殻の軌道に電子の空位が生じ，より外側の（エネルギー準位の高い）電子が遷移する．このとき，軌道間のエネルギー差が特性X線として放出される．一部の特性X線は外部に放出されず，軌道電子を外部に放出することがある．この現象を**オージェ効果**（Auger effect）といい，放出された電子を**オージェ電子**（Auger electron）という．オージェ電子のエネルギーは，特性X線のエネルギーと軌道電子のエネルギーの差であるため，非常に小さい．

(5)　核分裂（nuclear fission）

核分裂は原子核が複数の原子核に分裂する現象であり，外部からエネルギーを付与（励起）することなく，自然に起こる**自発核分裂**（spontaneous fission：SF）と，外部からエネルギーを付与（励起）することによって引き起こされる**誘導核分裂**（induced fission）がある．核分裂で発生した原子核を核分裂片（fission fragment）あるいは核分裂生成物（fission product）という．

(6)　壊変図式（decay scheme）

放射性核種の壊変の様子を表した図を**壊変図式**（壊変図，崩壊図）という．壊変図式には，親核種と娘核種，親核種の半減期，壊変形式，放射する放射線とそのエネルギー，娘核種の励起状態のエネルギー準位，およびスピンとパリティなどを示す．

親核種から壊変形式に従い，原子番号が増加する壊変（β^-壊変）は右斜め

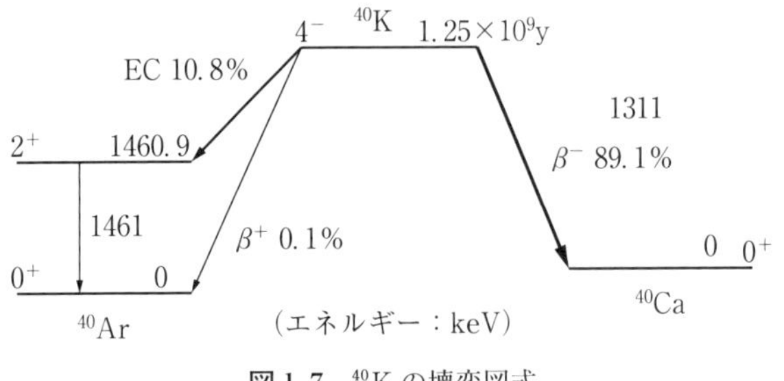

図 1.7　^{40}K の壊変図式

下方向に矢印で示す．原子番号が減少する壊変（α，β^+，および EC 壊変）は左斜め下方向へ，原子番号が変わらない壊変（γ 壊変）は垂直下方へ矢印で示す．

2 つ以上の経路で壊変が起こる現象を**分岐壊変**（branching decay）と呼び，それぞれの壊変の割合をパーセント％で表示する．^{40}K の壊変図式を図 1.7 に示す．

1.2.2　壊変法則・放射平衡

親核種が自発的に放射性壊変を起こし，安定同位体の娘核種に変わる壊変において，親核種の原子数が減少する速度 $-dN(t)/dt$ は親核種の原子数 N に比例し，速度定数を λ とすると次式が成り立つ．

$$-\frac{dN}{dt}=\lambda N \tag{1.4}$$

放射性壊変において速度定数 λ は**壊変定数**（decay constant）と呼び，核種に固有の値をもつ．放射能の強さ［Bq］の定義から，式（1.4）は放射能 A に等しい．

式（1.4）を積分し，時刻 $t=0$ における親核種の原子数（初期値）を N_0 とすると

$$N=N_0e^{-\lambda t} \tag{1.5}$$

となる．$t=T$（半減期）における原子数は

$$\frac{1}{2}N_0=N_0e^{-\lambda T} \tag{1.6}$$

となる．したがって

$$\lambda=\frac{\ln 2}{T}=\frac{0.693}{T} \tag{1.7}$$

の関係が得られる．

$e^{-\ln 2}=1/2$ であることから，式（1.5）は次式のように表すこともできる．

$$N=N_0\left(\frac{1}{2}\right)^{\frac{t}{T}} \tag{1.8}$$

時刻 $t=0$ における親核種の放射能（初期値）を A_0 とすると，時刻 t における放射能 A は

$$A=A_0e^{-\lambda t}=A_0\left(\frac{1}{2}\right)^{\frac{t}{T}} \tag{1.9}$$

となる．

放射性壊変により生成した娘核種が放射性核種であり，さらに放射性壊変を起こす場合を考える．親核種に関する放射能 A，原子数 N，壊変定数 λ，半減期 T にそれぞれ添え字 1 で表し，娘核種に対して添え字 2 で表す．

親核種および娘核種の原子数の減少する速度はそれぞれ次の式が成り立つ．

$$\frac{dN_1}{dt}=-\lambda_1N_1 \tag{1.10}$$

$$\frac{dN_1}{dt}=\lambda_1N_1-\lambda_2N_2 \tag{1.11}$$

時刻 $t=0$ における親核種の原子数を N_1^0，娘核種の原子数を N_2^0 とすると

$$N_1=N_1^0e^{-\lambda t} \tag{1.12}$$

$$N_2=\frac{\lambda_1}{\lambda_2-\lambda_1}N_1^0(e^{-\lambda_1t}-e^{-\lambda_2t})+N_2^0e^{-\lambda_2t} \tag{1.13}$$

を得る．式（1.13）の第 2 項は娘核種の単純な放射性壊変を示しており，$t=0$ に娘核種が存在しなければ第 2 項は消える．

放射能は $A=\lambda N$ より，親核種の放射能 A_1 および娘核種の放射能 A_2 はそれぞれ

$$A_1=A_1^0e^{-\lambda_1t} \tag{1.14}$$

$$A_2=\frac{\lambda_2}{\lambda_2-\lambda_1}A_1^0(e^{-\lambda_1t}-e^{-\lambda_2t}) \tag{1.15}$$

となる．

親核種と娘核種の壊変定数 λ_1, λ_2 の大小（あるいは半減期 T_1, T_2 長短）により，3つの場合に分けて考える．

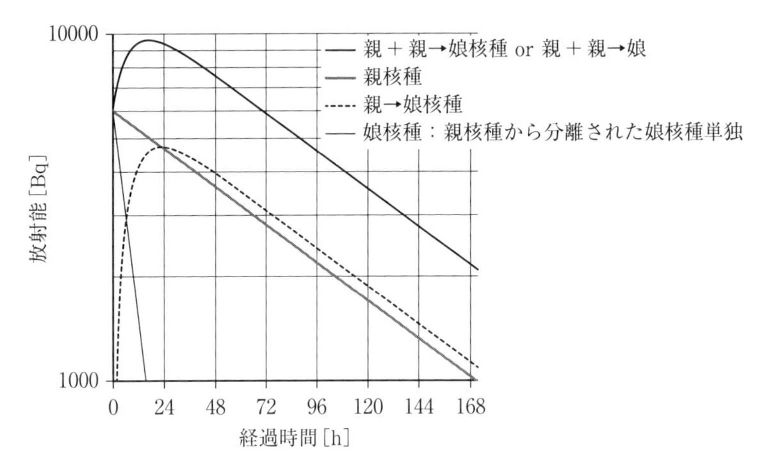

図 1.8　過渡平衡核種の放射能減衰曲線

（1）　$\lambda_1 < \lambda_2 (T_1 > T_2)$ の場合

親核種の半減期 T_1 が娘核種の半減期 T_2 より長い場合（すなわち親核種の壊変定数 λ_1 が娘核種の壊変定数 λ_2 より小さい場合），親核種，娘核種の放射能減衰曲線は図 1.8 のような時間変化を示す．娘核種の放射能は経過時間が短いときは急激に増加し，極大に達した後は減少する．

十分な時間（娘核種の半減期の 10 倍程度）が経過すると $e^{-\lambda_1 t} > e^{-\lambda_2 t}$ であり，$e^{-\lambda_2 t} \approx 0$ と近似できるため，式（1.15）は

$$A_2 = \frac{\lambda_2}{\lambda_2 - \lambda_1} A_1^0 e^{-\lambda_1 t} = \frac{\lambda_2}{\lambda_2 - \lambda_1} A_1 \qquad (1.16)$$

すなわち

$$\frac{A_2}{A_1} = \frac{\lambda_2}{\lambda_2 - \lambda_1} \qquad (1.17)$$

となり，親核種と娘核種の放射能の比は一定となる．このような状態にあるとき，親核種と娘核種は**放射平衡**（radioactive equilibrium）にあるという．特に，$\lambda_1 < \lambda_2 (T_1 > T_2)$ のときの放射平衡を**過渡平衡**（transient equilibrium）と

いう．

過渡平衡の特徴は

① 親核種と娘核種の放射能の比は一定（$A=\lambda N$ より，親核種と娘核種の原子数の比は一定）

② 娘核種の放射能は親核種の放射能より大きい（式（1.17）より）

③ 娘核種は親核種の壊変定数で減衰する（式（1.16）より）

である．

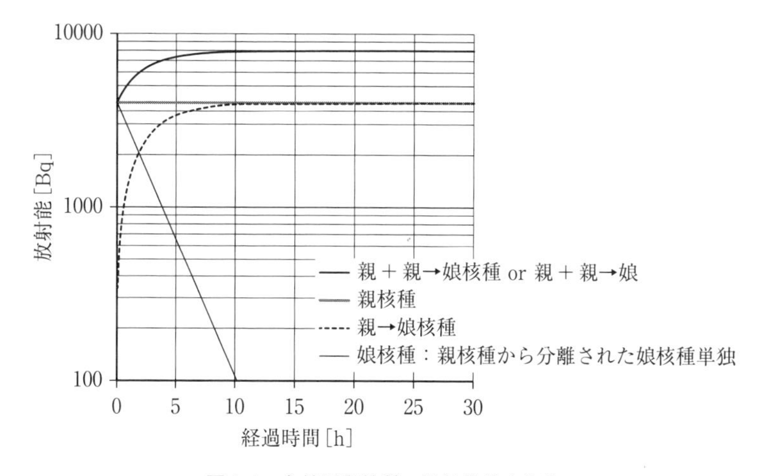

図 1.9　永続平衡核種の放射能減衰曲線

（2）　$\lambda_1 \ll \lambda_2 (T_1 \gg T_2)$ の場合

（1）の場合よりさらに親核種の半減期 T_1 が娘核種の半減期 T_2 より長い場合（すなわち親核種の壊変定数 λ_1 が娘核種の壊変定数 λ_2 よりはるかに小さい場合），親核種，娘核種の放射能減衰曲線は図 1.9 のような時間変化を示す．ただし，経過時間（横軸）は娘の半減期の 10 倍程度までの経過時間を示している．

十分な時間（娘核種の半減期の 10 倍程度）が経過すると $e^{-\lambda_1 t} > e^{-\lambda_2 t}$ であり，$e^{-\lambda_2 t} \approx 0$, $\lambda_2 - \lambda_1 \approx \lambda_2$ と近似できるため，式（1.15）は

$$A_2 = \frac{\lambda_2}{\lambda_2} A_1^0 e^{-\lambda_1 t} = A_1 \tag{1.18}$$

また

$$\frac{N_2}{N_1}=\frac{\lambda_1}{\lambda_2} \tag{1.19}$$

となり，親核種と娘核種の放射能は等しく，親核種と娘核種の原子数の比は一定となる．このような状態にあるとき，この放射平衡を**永続平衡**（secular equilibrium）という．

永続平衡の特徴は

① 親核種と娘核種の放射能は等しい

② 親核種と娘核種の原子数の比は一定

③ 娘核種は親核種の壊変定数で減衰する（式（1.18）より）

である．

一般的に，娘核種と親核種の半減期の比が，$T_1/T_2>1000$ の場合を永続平衡，1000 以下の場合を過渡平衡としている．

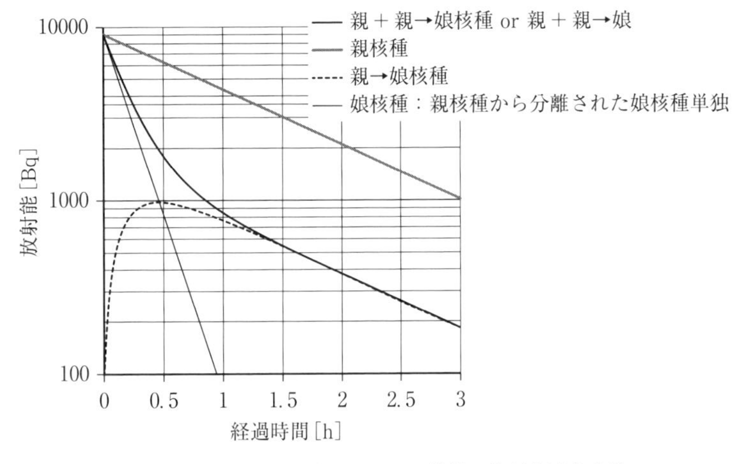

図 1.10　放射平衡が成り立たない核種の放射能減衰曲線

(3)　$\lambda_1>\lambda_2(T_1<T_2)$ の場合

娘核種の半減期 T_2 が親核種の半減期 T_1 より長い場合（すなわち娘核種の壊変定数 λ_2 が親核種の壊変定数 λ_1 より小さい場合），親核種，娘核種の放射能減衰曲線は図 1.10 のような時間変化を示す．親核種の半減期が娘核種の半減期よりも短いため，ある時間経過すると親核種は存在せず，娘核種のみになるためである．この場合放射平衡は成り立たない．

（4）　娘核種の放射能の最大時間と放射能減衰曲線

娘核種の放射能が極大を迎える時間は，式（1.15）を時間 t で微分し，$dA_2/d\mathrm{t}=0$ とすると算出することができる．

$$\frac{dA_2}{dt}=\frac{\lambda_2}{\lambda_2-\lambda_1}A_1^0(-\lambda_1 e^{-\lambda_1 t}+\lambda_2 e^{-\lambda_2 t})=0 \tag{1.20}$$

すなわち $-\lambda_1 e^{-\lambda_1 t}+\lambda_2 e^{-\lambda_2 t}=0$ となる時間 $t_{\max}$ を算出すればよい．

したがって，娘核種の放射能が最大となる時間 $t_{\max}$ は

$$t_{\max}=\frac{1}{\lambda_2-\lambda_1}\ln\frac{\lambda_2}{\lambda_1} \tag{1.21}$$

となる．

親核種と娘核種の放射能減衰曲線はある時間で交差する．交差する時間は，親核種と娘核種の放射能が等しい時間であるため，式（1.14）と式（1.15）より

$$A_1^0 e^{-\lambda_1 t}=\frac{\lambda_2}{\lambda_2-\lambda_1}A_1^0(e^{-\lambda_1 t}-e^{-\lambda_2 t}) \tag{1.22}$$

が成り立つ．式（1.22）から時刻 t は次式となる．

$$t=\frac{1}{\lambda_2-\lambda_1}\ln\frac{\lambda_2}{\lambda_1} \tag{1.23}$$

式（1.21）と式（1.23）が同じ式であることから，放射能減衰曲線における親核種の放射能と娘核種の放射能は娘核種の放射能が最大となる時間で交差する．

1.2.3　物理的半減期，生物学的半減期，有効半減期

半減期は放射性壊変を起こす核種の原子数が半分になるまでの時間であることは述べたが，放射性壊変は偶発的に起こるものであり，多数の原子の集団に対する核種固有の物理定数である．放射性壊変を起こす原子一つひとつの壊変を起こすまでの時間（寿命）は異なる．N_0 個から成る原子の寿命の合計，すなわち，時刻 $t=0$ から $t=\infty$ までの範囲の積分を，N_0 で除すことで，原子 1 個当たりの**平均寿命** τ（mean life）が得られる．

$$\tau=\frac{1}{N_0}\int_0^{N_0} t dN=-\lambda\int_0^{\infty} t e^{-\lambda t}dt=\frac{1}{\lambda}=1.44T \tag{1.24}$$

式（1.24）より，式（1.5）で$t=\tau$のとき原子数はN_0/eとなる．すなわち，平均寿命とは放射性壊変により最初の原子数の$1/e$に減少するまでの時間である．

生体内に取り込まれた核種は，体内の代謝機構により，最終的に尿，糞便，呼吸器等により体外へと排泄される．体内の減少速度定数λ_{eff}は，代謝における減少速度定数λ_bと放射性核種自体の減少速度定数λ_pで表すことができる．

$$\lambda_{\mathrm{eff}}=\lambda_b+\lambda_p \tag{1.25}$$

ここで，特に，体内の減少速度定数を有効速度定数，代謝における減少速度定数を生物学的速度定数，放射性核種自体の減少速度定数を物理学的速度定数（壊変定数）と呼び，それぞれ，最初の原子数の半分になるまでの時間である**有効半減期**T_{eff}（effective life time，**実効半減期**ともいう），**生物学的半減期**T_b（biological life time），**物理学的半減期**T_p（physical life time，放射性核種の半減期と同じであるが生物学的半減期と区別するために用いる）と関係づけられ，式（1.25）は次のようになる．

$$\frac{1}{T_{\mathrm{eff}}}=\frac{1}{T_b}+\frac{1}{T_p} \tag{1.26}$$

すなわち，体内に取り込まれた放射性核種は，放射性核種の壊変（物理的特性）と生体の代謝（生物学的特性）により減少する．有効半減期は，内部被ばくによる放射線障害の防護の指標となる．しかし，放射性核種の生体組織・臓器への親和性は元素によって大きく異なり，骨親和性のストロンチウムSrの生物学的半減期は長く，トリチウムTは身体全体に分布するが水として排泄されるため比較的短い．同じ元素でも化学形の違いによる親和性も臓器・組織によって異なるため，生物学的半減期は異なる．

1.2.4　天然放射性核種，人工放射性核種

現在118の元素が確認され，元素は1つ以上の同位体から成る集合体である．元素には，少なからず放射性同位体が含まれている．118元素のうち，$_{43}$Tc，$_{61}$Pm，および$_{81}$Bi以上の38の元素は安定同位体が存在せず，放射性同位体しか存在しない．放射性同位体は，自然界に存在する**天然放射性核種**（natural radioactive nuclide）と，原子炉や加速器等で人工的につくられた核

種と核実験や原子力発電などで生成した**人工放射性核種**（artificial radioactive nuclide）に分けられる．

(1)　天然放射性核種

天然放射性核種は，地球創成期から存在する半減期の長い核種やその子孫の核種と，宇宙線により生成する核種に分けられ，**一次放射性核種**（primary radionuclide），**二次放射性核種**（secondary radionuclide），**誘導放射性核種**（induced radionuclide），**消滅放射性核種**（extinct radionuclide）に分類する．

a　一次放射性核種

一次放射性核種は，地球創成期から存在し半減期の長い核種である ^{238}U，^{235}U，^{232}Th と，^{40}K などの壊変系列をつくらない核種がある．壊変系列を作る核種は，α 壊変と β^- 壊変を繰り返し，最終的に安定な核種へと壊変していく．α 壊変により質量数は 4 ずつ減少するため，n を整数とすると，^{232}Th の質量数は $4n$，^{238}U の質量数は $4n+2$，^{235}U の質量数は $4n+3$ と表される．

壊変系列を作らない放射性核種の半減期は 10^9 年以上の長寿命核種であり，1 回の壊変で安定同位体に変わる．代表例は ^{40}K で，その半減期は 1.25×10^9 年である．同位体存在度は 0.0117% であるが，自然界に広く分布し，人類は食物とともに常時摂取し，人体中におよそ 0.2% のカリウム K とともに存在する．^{40}K は，89.1% の確率で β^- 壊変（1.31 MeV）し ^{40}Ca（安定）に，10.8% の確率で EC 壊変後，γ 壊変（1.46 MeV）し ^{40}Ar（安定）に変わる．このように 1 つの放射性核種が 2 つ以上の経路で放射性壊変する壊変形式を**分岐壊変**（branching decay）と呼び，それぞれの壊変定数を**部分壊変定数**（λ_{β^-}, λ_{EC}），それぞれの半減期を**部分半減期**（T_{β^-}, T_{EC}）と呼ぶ．全壊変定数 λ および全半減期 T と部分壊変定数および部分半減期の関係は，次の関係式となる．

$$\lambda=\lambda_{\beta^-}+\lambda_{EC}:\ \lambda_{\beta^-}=0.891\lambda,\quad \lambda_{EC}=0.108\lambda \tag{1.27}$$

$$\frac{1}{T}=\frac{1}{T_{\beta^-}}+\frac{1}{T_{EC}} \tag{1.28}$$

b　二次放射性核種

一次放射性核種が壊変して生じる放射性の子孫核種を二次放射性核種という．

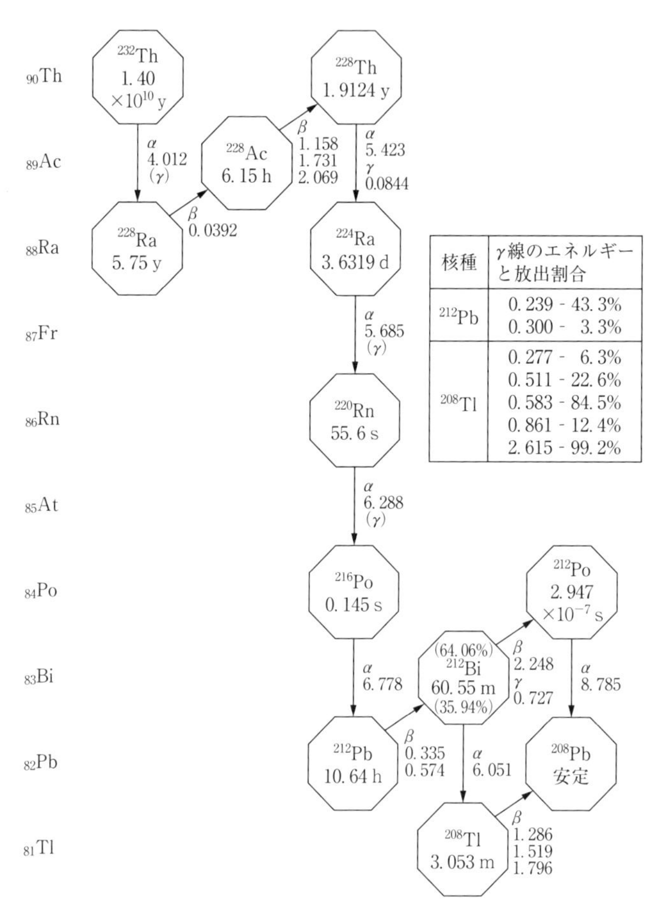

核種	γ線のエネルギーと放出割合
^{212}Pb	0.239 - 43.3% 0.300 - 3.3%
^{208}Tl	0.277 - 6.3% 0.511 - 22.6% 0.583 - 84.5% 0.861 - 12.4% 2.615 - 99.2%

図 1.11　トリウム系列（文献 7) pp.10-13）

i）トリウム系列：$4n$ 系列（図 1.11）

^{232}Th（T=1.40×10^{10} 年）を親核種とし，α 壊変を 6 回，β^- 壊変を 4 回行って ^{208}Pb（安定同位体）に終わる．

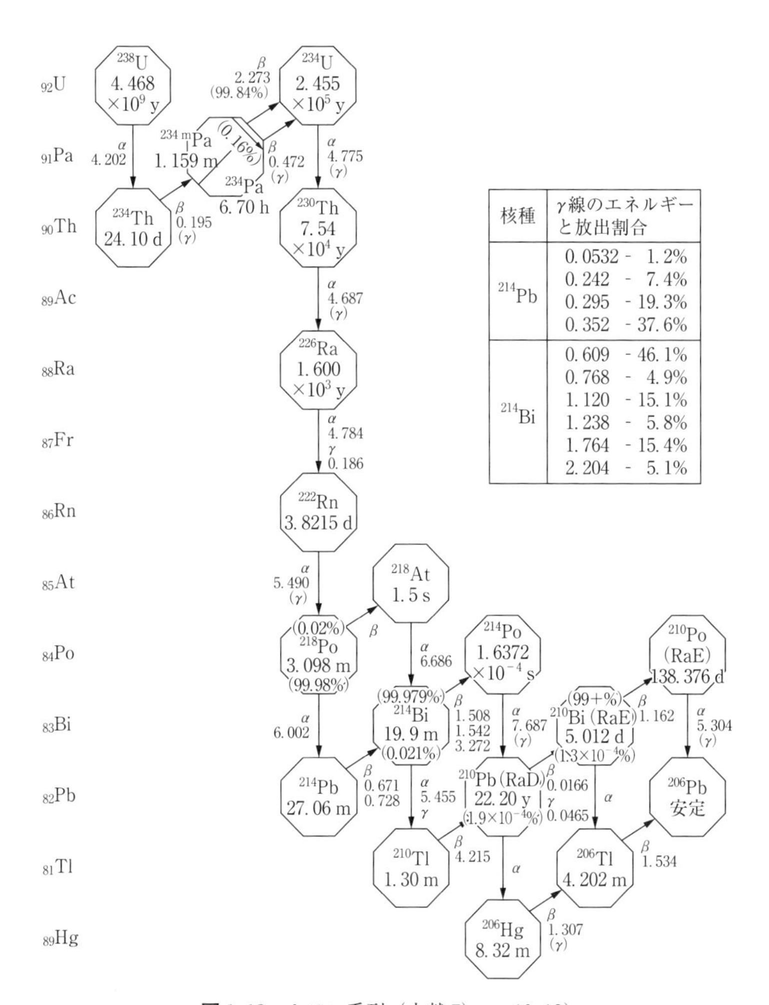

核種	γ線のエネルギーと放出割合
^{214}Pb	0.0532 - 1.2% 0.242 - 7.4% 0.295 - 19.3% 0.352 - 37.6%
^{214}Bi	0.609 - 46.1% 0.768 - 4.9% 1.120 - 15.1% 1.238 - 5.8% 1.764 - 15.4% 2.204 - 5.1%

図 1.12 ウラン系列（文献 7）pp.10-13）

ii） ウラン系列：$4n+2$ 系列（図 1.12）

^{238}U（$T=4.47\times10^9$ 年）を親核種とし，α 壊変を 8 回，β^- 壊変を 6 回行って ^{206}Pb（安定同位体）に終わる．

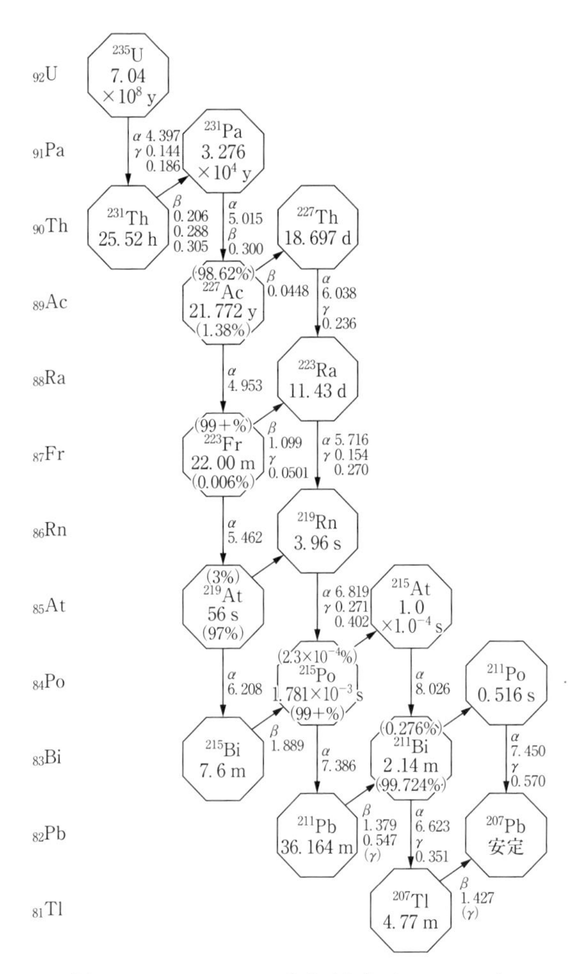

図1.13　アクチニウム系列（文献7）pp.10-13）

iii）　アクチニウム系列：$4n+3$ 系列（図1.13）

^{235}U（$T=7.04\times10^8$ 年）を親核種とし，α 壊変を7回，β^- 壊変を4回行って ^{207}Pb（安定同位体）に終わる．

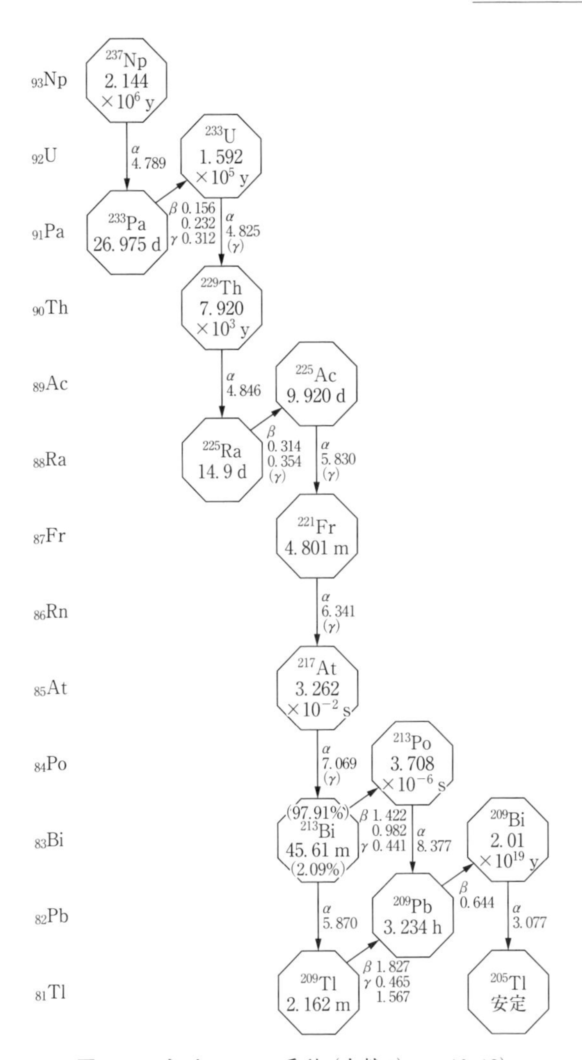

図 1.14 ネプツニウム系列(文献 7) pp.10-13)

iv) ネプツニウム系列:$4n+1$ 系列(図 1.14)

^{237}Np は,壊変系列をつくる核種であるが,半減期が 2.14×10^6 年と短く,地球創成期には存在していたとされるが,現在は天然にほとんど存在せず,実験系でその存在が示された.特に**消滅放射性核種**という.

^{237}Np（T=2.14×10^{6} 年）を親核種とし，α 壊変を 8 回，β^{-} 壊変を 4 回行って ^{205}Tl（安定同位体）に終わる．

これら壊変系列の特徴は

① トリウム，ウラン，アクチニウム系列は，希ガスであるラドン Rn を経由して，安定核種鉛 Pb に終わる．② ネプツニウム系列は Rn を経由しないでタリウム Tl で終わる．③ 二次放射性核種で半減期が最も長いのは，^{209}Bi で 1.9×10^{19} 年である．^{209}Bi は，2003 年に α 壊変を起こす放射性核種であることが確認されたが，それまでは安定同位体で，ネプツニウム系列の最終生成物とされていた．鉛 Pb の安定同位体は 4 種類（^{208}Pb, ^{207}Pb, ^{206}Pb, ^{204}Pb）あり，^{204}Pb のみが壊変系列で生成しない安定同位体である．

それぞれの壊変系列における α 壊変と β^{-} 壊変の回数は，① 1 回の α 壊変で質量数が 4 減り，原子番号が 2 減少する，② 1 回の β^{-} 壊変で原子番号は 1 増加するが，質量数は変わらない．このことから，親核種と最終生成物（安定同位体）の質量数の差と 4 の商から α 壊変の回数が，親核種と最終生成物の原子番号の差と α 壊変の回数の 2 倍との差から β^{-} 壊変の回数が求められる．

c　誘導放射性核種

地球には，宇宙から飛来する放射線（宇宙線）が過去から現在まで，常時降り注いでいる．宇宙線は，太陽を起源とする**太陽宇宙線**（solar cosmic ray：SOR）とそれ以外の宇宙空間から飛来する**銀河宇宙線**（galactic cosmic ray：GOR）に分けられる．大半は高エネルギーの陽子線であり，太陽宇宙線は～100 MeV 程度のエネルギー，銀河宇宙線はそれよりも高いエネルギーのものが多い．地球磁場のため 100 MeV 以下の宇宙線はほとんど地球に到達しない．陽子以外には電子，γ 線，ヘリウムよりも重い元素も存在する．宇宙から飛来する宇宙線を一次宇宙線と呼ぶ．一次宇宙線は，大気成分（主として窒素，酸素，アルゴン Ar）と核反応を起こし，陽子，中性子，電子，光子などの粒子線を生じる．これら一次宇宙線により生じた粒子線を二次宇宙線と呼ぶ．二次宇宙性は大気成分と二次的な核反応を起こし放射性核種を生じる．この放射性核種を誘導放射性核種と呼ぶ．大気成分の主成分である窒素 N から (n, p) や (n, t) などの核反応で生じた ^{14}C（T=5.70×10^{3} 年）は，大気中の二酸化炭素 CO_2 として，地球上の生命活動を行っている生物に取り込まれる．生命活動が営まれなくなるとそれ以降は ^{14}C の取り込みがなくなり，その原子数（放射能）は半減期により減少する．これを利用して遺物の生物の死から現在までの経過年数（年代測定）を求めることができる．

(2)　人工放射性核種

放射性同位体しか存在しない 38 元素のうち，原子番号 92 のウラン U までのうち，$_{43}Tc$, $_{61}Pm$, $_{85}At$, $_{87}Fr$ 以外の元素は天然に見出されたのち，$_{85}At$, $_{87}Fr$ も壊変系列中の放射性核種として見出された．天然に存在せず人工的につくられた放射性同位体のみで安定同位体の存在しない元素は，$_{43}Tc$, $_{61}Pm$ と超ウラン元素（ウランより原子番号の大きい元素）の 28 元素である．

核爆弾の新たな開発や技術革新のために行った核実験により生じた核分裂生成物，原子力発電などの産業活動により生じる放射性核種，原子炉や加速器を用いて実験系や医療用の放射性核種などが人工放射性核種である．

演習問題

1.1　族の分類と元素で正しい組合せはどれか．

1．アルカリ金属 ———— K
2．アルカリ金属 ———— Sr
3．アルカリ土類金属 ——— Cs
4．ハロゲン ———— Ba
5．希ガス ———— Ra

1.2　質量数が減少するのはどれか．

1．α 壊変　　2．β^- 壊変　　3．β^+ 壊変
4．軌道電子捕獲　　5．核異性体転移

1.3　原子番号が増加するのはどれか．

1．α 壊変　　2．β^- 壊変　　3．β^+ 壊変
4．軌道電子捕獲　　5．核異性体転移

1.4　原子番号が Z，質量数が A の核種について，放射性壊変の形式として壊変による Z と A の変化との組合せで正しいのはどれか．

1．α 壊変 ———— Z，A
2．β^- 壊変 ———— Z−1，A
3．β^+ 壊変 ———— Z+1，A

4.　軌道電子捕獲 ——— Z−1，A

5.　核異性体転移 ——— Z−2，A−4

1.5　壊変形式が同一の組合せはどれか．

1.　^{3}H ——————— ^{11}C

2.　^{13}N ——————— ^{57}Co

3.　^{18}F ——————— ^{24}Na

4.　^{32}P ——————— ^{137}Cs

5.　^{60}Co ——————— ^{125}I

1.6　過渡平衡が成立する親核種の半減期（T_1）と娘核種の半減期（T_2）との関係はどれか．

1.　$T_1 \ll T_2$　　2.　$T_1 < T_2$　　3.　$T_1 = T_2$

4.　$T_1 > T_2$　　5.　$T_1 \gg T_2$

1.7　永続平衡が成立する親核種の壊変定数（λ_1）と娘核種の壊変定数（λ_2）との関係はどれか．

1.　$\lambda_1 \ll \lambda_2$　　2.　$\lambda_1 < \lambda_2$　　3.　$\lambda_1 = \lambda_2$

4.　$\lambda_1 > \lambda_2$　　5.　$\lambda_1 \gg \lambda_2$

1.8　親核種（半減期 T_1，壊変定数 λ_1，原子数 N_1）と娘核種（半減期 T_2，壊変定数 λ_2，原子数 N_2）が過渡平衡にあるとき，娘核種の原子数 N_2 はどれか．

1.　$\dfrac{\lambda_1}{\lambda_2-\lambda_1}N_1$

2.　$\dfrac{\lambda_2}{\lambda_2-\lambda_1}N_1$

3.　$\dfrac{\lambda_2}{\lambda_1-\lambda_2}N_1$

4.　$\dfrac{T_1}{T_2-T_1}N_1$

5.　$\dfrac{T_1}{T_2-T_1}N_1$

1.9　過渡平衡が成立する組合せはどれか．2つ選べ．

1.　^{68}Ge ——————— ^{68}Ga

2.　^{90}Sr ——————— ^{90}Y

3.　^{99}Mo ——————— ^{99m}Tc

4.　^{140}Ba ——————— ^{140}La

5.　^{137}Cs ——————— ^{137m}Ba

1.10 物理的半減期（T_p），生物学的半減期（T_b），及び有効半減期（T_{eff}）の関係で正しいのはどれか.

1. $T_p = T_b + T_{eff}$
2. $T_{eff} = T_p + T_b$
3. $\frac{1}{T_b} = \frac{1}{T_p} + \frac{1}{T_{eff}}$
4. $\frac{1}{T_p} = \frac{1}{T_b} + \frac{1}{T_{eff}}$
5. $\frac{1}{T_{eff}} = \frac{1}{T_p} + \frac{1}{T_b}$

1.11 生物学的半減期と物理的半減期とが等しいときに有効半減期が最も短いのはどれか.

1. ^{14}C　2. ^{18}F　3. ^{99m}Tc　4. ^{131}I　5. ^{101}Tl

1.12 系列核種について正しいのはどれか.

1. ^{222}Rn はトリウム系列の放射性核種である.
2. ウラン系列は ^{208}Pb で終わる.
3. ^{219}Rn はネプツニウム系列の放射性核種である.
4. ネプツニウム系列は ^{205}Tl で終わる.
5. 半減期が最も長いのは ^{232}Th である.

〈参考文献〉

1) 井上亨 他：新版 大学の化学への招待，三共出版，2013
2) 今西誠之 他：わかる理工系のための化学，共立出版，2014
3) 長嶋弘三・富田功 共著：一般化学（四訂版），裳華房，2018
4) S. S. Zumdahl, D. J. DeCoste 著：大嶌幸一郎，花田禎一 訳：ズンダール基礎化学，東京化学同人，2013
5) 東静香，久保直樹 共編：放射線技術学シリーズ 放射化学（改訂3版），オーム社，2015
6) 海老原充：現代放射化学，化学同人，2012
7) 日本アイソトープ協会編：アイソトープ手帳 12版 机上版，丸善，2020

2 放射性核種の製造

放射性医薬品を用いて行う核医学検査には，疾病の診断や機能検査，あるいは治療効果の判定などさまざまな用途があり，今日の放射線医学の重要な専門分野の1つである．この章では，放射性核種の製造のための原理と方法について，その基礎となる核反応を中心に述べる．

2.1 核 反 応

核反応とは，ある原子核が他の原子核や粒子と反応して別の原子核になる反応をいう．原子核に高エネルギーの粒子が吸収されると，原子核は反応した粒子等と合わさった状態となり，これを複合核と呼ぶ．このとき核は励起した状態にあり，その後およそ 10^{-12} 秒～10^{-14} 秒のごく短い時間の後，励起による余分のエネルギーを粒子または電磁波として放出して別の原子核に変わる．

2.1.1 原子核反応

(1) 核反応の発見

1919年，ラザフォード（Ernest Rutherford）は空気中に α 線を当てると陽子が放出されることを確認した．α 線によって窒素の原子核が衝撃を受け，酸素原子となって水素原子核（陽子）を放出する現象である．これが世界最初の原子核の人工変換で，窒素と α 粒子による核反応は次式で表される．

$$^{14}_{7}\mathrm{N}+^{4}_{2}\mathrm{He}\longrightarrow ^{17}_{8}\mathrm{O}+^{1}_{1}\mathrm{H}$$

一方ジョリオ・キュリー夫妻（Curie Joliot）は，1934年に核反応によって人工的に放射性元素を初めて生成した．ポロニウムのそばに置いたアルミ箔から中性子と陽電子が生じることを発見したが，さらにポロニウムを遠ざけた後のアルミニウムから，中性子の発生は止まるが陽電子は変わらず発生していることを観察した．その強度は半減期（約2.5分）をもち，放射性物質と同じ性質で減衰していくことから，この反応によってアルミニウムの一部が放射性のリンになった現象を発見した．人工放射性元素の生成である．このときの反応は次式で表される．

$$^{27}_{13}\mathrm{Al} + ^{4}_{2}\mathrm{He} \longrightarrow ^{30}_{15}\mathrm{P} + ^{1}_{0}\mathrm{n}$$

$$^{30}_{15}\mathrm{P} \xrightarrow[2.5\,\mathrm{m}]{\beta^{+}} ^{30}_{14}\mathrm{Si}$$

ジョリオ・キュリー夫妻により初めて生成された人工放射性元素は，直ちに生物分野にも応用された．^{11}C は，1939年 Ruben らによって，酸化ホウ素（B_2O_3）に重陽子を照射して製造*1 され，主として植物の光合成と炭酸同化産物の移行・代謝に関する研究に用いられた．しかし，光合成研究を進める上で ^{11}C は半減期20分とあまりにも短いため，研究は困難を極めた．それが長寿命の放射性核種の製造開発につながり，1940年 Ruben および Kamer によって成功した ^{14}C は*2，光合成反応における炭酸固定反応であるカルビン回路の解明につながり，以後生物学研究の重要なトレーサーとなった．

(2)　核反応の表記法

核反応の式は，化学反応式と同様に反応するものを式の左辺に，反応生成物を右辺に示す．このとき，反応の前後で陽子の総数（Z）と，質量数（A）は保存される*3．いま，ターゲットとなる標的核（$^{A_1}_{Z_1}\mathrm{X}$）に入射粒子（$^{A_2}_{Z_2}\mathrm{a}$）が衝突し，生成核（$^{A_3}_{Z_3}\mathrm{Y}$）と放出粒子（$^{A_4}_{Z_4}\mathrm{b}$）が生じたとすると，この反応は次式で表される．

$$^{A_1}_{Z_1}\mathrm{X} + ^{A_2}_{Z_2}\mathrm{a} \longrightarrow ^{A_3}_{Z_3}\mathrm{Y} + ^{A_4}_{Z_4}\mathrm{b} \tag{2.1}$$

このとき，両辺の原子番号と質量数は以下の関係にある．

＊1　B_2O_3 に 8 MeV の重陽子を照射して ^{10}B(d, n)^{11}C 反応により $^{11}CO_2$ を製造．

＊2　^{13}C(d, p)^{14}C 反応によって ^{14}C の製造にはじめて成功し，その後 ^{14}N(n, p)^{14}C による製造法が確立された．

$$Z_1+Z_2=Z_3+Z_4 \tag{2.2}$$

$$A_1+A_2=A_3+A_4 \tag{2.3}$$

また，式（2.1）は次のように簡略して表すこともできる．

$$^{A_1}_{Z_1}\mathrm{X(a,\ b)}^{A_3}_{Z_3}\mathrm{Y} \tag{2.4}$$

この表記法では，（ ）内の入射粒子と放出粒子は記号を用い，n（中性子 neutron），p（陽子 proton），d（重陽子 deuteron），t（三重陽子 triton），α（α 粒子），γ（ガンマ gamma），f（核分裂 fission）などが用いられる．

なお，核反応は化学反応と同様に常にエネルギーの放出または吸収を伴っており，反応の前後で質量およびエネルギーが保存される．

(3) 核反応断面積

核反応は，化学反応に比べて非常にまれにしか起こらない現象である．ラザフォードによる窒素原子と α 線との核反応では，霧箱による飛跡観察の結果，400,000 本の α 線に対して，陽子の発生はわずか 8 例だった．こうした核反応の確率を定量的に考えたとき，核反応の起こりやすさは**核反応断面積**（$\sigma\,[\mathrm{m^2}]$）として面積の次元で表現する．

いま，粒子のビーム（粒子フルエンス $\phi\,[\mathrm{m^{-2}\cdot s^{-1}}]$）が薄いターゲット（密度 $n\,[\mathrm{m^{-3}}]$，体積 $V\,[\mathrm{m^3}]$）に当たるとき，単位時間内の核反応による生成核の数（$N\,[\mathrm{s^{-1}}]$）は次式で定義される．

$$N=\sigma\phi nV \tag{2.5}$$

核反応断面積の考えは，原子核と衝突する粒子との反応の確率は，標的となる原子核の断面の面積に比例するという単純な模型に由来している．高速粒子との衝突の際の核反応断面積は，原子核の幾何学的な断面積よりも大きくなることはまれである．当時原子核の半径は，ラザフォードの提唱した原子模型によ

＊3 保存されるのは陽子数と質量数だけでなく，核反応の際はエネルギー，運動量，角運動量などの他の性質も保存される．なお，β 壊変の場合は，放出粒子が β 線だけでは反応の前後で角運動量の保存が成り立たない．そこで 1931 年パウリ（V. Pauli）は，β 壊変の際に電子とともに電気的に中性なほとんど質量のない粒子が放出されることで，全体としてエネルギーが保存されると仮定し，この粒子をニュートロンと呼んだ．その後 1932 年に現在のニュートロン（中性子）が発見されたため，1933 年にフェルミ（E. Fermi）が新たにニュートリノと名付けた．現在では実験でその存在が確認されている．

り，およそ 10^{-14} m，すなわち 10^{-12} cm 以下と推定されていた*1．この半径を面積で表した 10^{-24} cm^2 が単位となり，これをバーン（barn [b]）と称した*2．

核反応断面積は，明らかに高速中性子と低速中性子では相互作用の確率が異なるように，入射粒子のエネルギーによって異なる．また荷電粒子に対しては，クーロン障壁を乗り越えなければならないという点で当てはまらない．入射エネルギーと個々の反応の断面積との変化を表したものを，**励起関数**と呼ぶ．^{63}Cu に異なるエネルギーの陽子線を与えたときの励起関数を，図 2.1 に示す．入射粒子のエネルギーの変化により複合核の励起エネルギーが変化すると，いくつかの異なった反応が生じることがわかる．

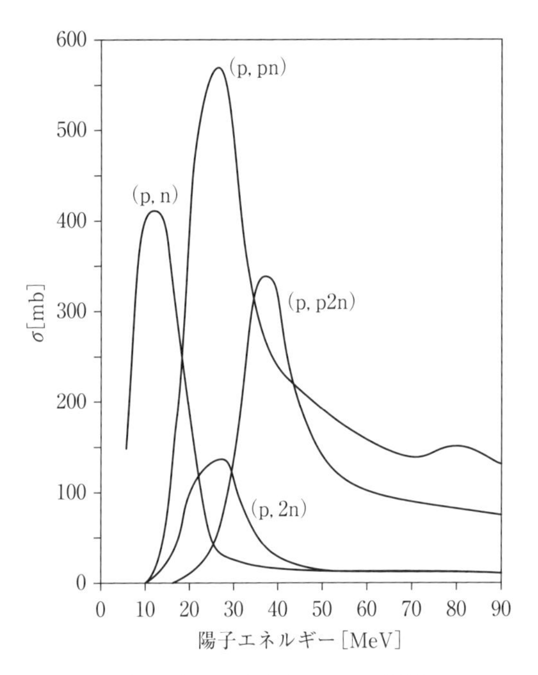

図 2.1　^{63}Cu の陽子線による励起関数

＊1　金の原子核半径は 7.3×10^{-13} cm．

＊2　バーン（barn）は「納屋」の意．すなわち，10^{-24} cm^2 の断面積は粒子の標的としては「納屋ほどに大きい」という意からきている．

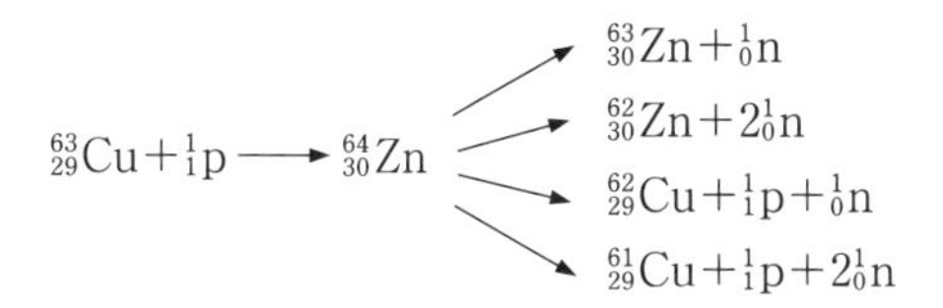

一般に複合核の励起エネルギーが増大して，原子核内の粒子の結合エネルギーを超すと，重い粒子が放出される確率は大きくなる．ある複合核から異なった重い粒子を放出する際の断面積は，核子間の結合エネルギー，クーロン障壁の相対的な高さ，生成核の準位密度等いろいろな因子によって影響されている．約 15 MeV 以上の励起エネルギーになると，複合核が十分高い励起エネルギーを有するため，たとえば（n, 2n），（α, 3n），（d, 2n），（p, 3p3n）などの型式の反応が表れる．

2.1.2　中性子による核反応

中性子は電荷をもたないので，容易に原子核と相互作用を起こし，電子との相互作用はきわめて小さい．中性子と物質との相互作用は，弾性および非弾性散乱，（n, γ），（n, p），（n, α），（n, n）および核分裂のような核反応を含む原子核の効果に限局される．

しかしこの反応は中性子のエネルギーによって大きく変わり，熱中性子，すなわち常温で熱運動をしている気体分子と似たようなエネルギー分布をもつ中性子は，特に高い確率で核反応を起こす．

(1)　中性子誘導核反応

この重要な効果は，1934 年にフェルミ（E. Fermi）らによって発見された．彼らは，銀の中性子照射実験の際に，線源と試料をパラフィンで囲って照射を行ったところ，中性子による誘導放射能が，計数管が狂ったのではないかと思われるくらい高い値を示すことを発見した．この現象について，フェルミは中性子が周囲のパラフィン中の水素によって何回も散乱されてその速度が遅くなり，そのために原子核の中に入り込みやすくなるのであろうと推測した．

中性子はエネルギーによって分類されており，核分裂などの核反応で放出されるエネルギーが 500 keV を超えるものを**高速中性子**，減速された数百 keV のものを**中速中性子**，1 keV 未満を**低速中性子**，さらに減速されて物質中の熱運動の程度になった約 0.025 eV のものを**熱中性子**と呼ぶ．フェルミの推論どおり，速い中性子よりも遅い中性子の方が核反応を起こしやすい．

一般に高速中性子は，重い原子核との非弾性散乱でエネルギーの多くを失うが，中速中性子くらいのエネルギーになると，減速にはこの過程は有効ではなくなる．低速中性子を生じるためには，原子核との弾性散乱を繰り返し行う過程が必要となるが，その際運動量の保存則によって，中性子と衝突する原子核が軽くなればなるほど，弾性衝突によって中性子の失う運動エネルギーは大きくなる*1．含水素物質，たとえば水やパラフィンによって中性子が最も効果的に減速されるのはこのためである．

また上記の理由によって，高原子番号物質は高速中性子に対して反応断面積が大きくなり，^{238}U(n, f) は高速中性子の検出に用いられる．一方低原子番号物質は熱中性子に対して反応断面積が大きくなり，^{10}B(n, α)^{7}Li および ^{6}Li(n, α)^{3}H 反応は熱中性子の検出に用いられる．

(2)　放射化量

標的物質に入射粒子を衝突させて得られる生成核の放射能は次式で表される．

$$A = Nf\sigma(1 - e^{-\lambda t}) \tag{2.6}$$

ここで，N は標的物質の原子数，f は入射粒子の粒子束密度，σ は反応断面積，t は照射時間である．

これを図に表したのが，図 2.2 である．この図から，照射時間 t を短くしたときを考える．一般に $e^{-\lambda t}$ をマクローリン展開すると，次式で表される．

$$e^{-\lambda t} = 1 - \lambda t + \frac{(\lambda t)^2}{2!} - \frac{(\lambda t)^3}{3!} + \cdots \tag{2.7}$$

$t \to 0$ のとき，λt は小さくなり，高次の項は無視できるから上式は次式で表される．

$$e^{-\lambda t} \cong 1 - \lambda t \tag{2.8}$$

これを式 (2.6) に代入すると

＊1　エネルギー E_0 の中性子が重い核と弾性衝突すると，衝突前のエネルギーの大部分をもったまま跳ね返ってしまい，反跳核には $4AE_0/(A+1)^2$ 以上のエネルギーは与えない．ここで，A はターゲットの核の質量数である．

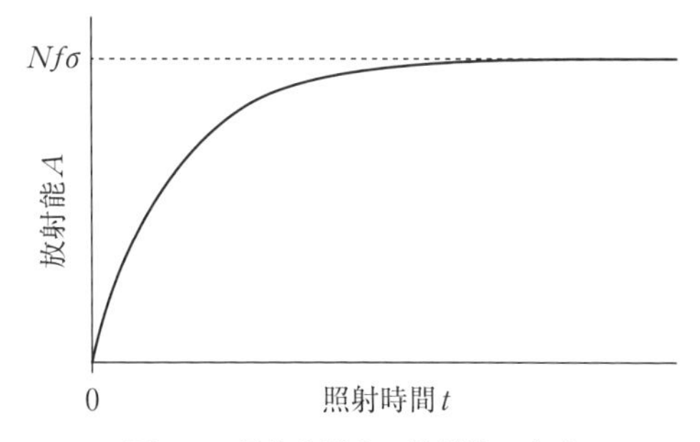

図 2.2 標的物質中の放射能の生成

$$A = Nf\sigma\lambda t \tag{2.9}$$

これは時間 t における 1 次関数を表す.

次に，照射時間 t を長くすると

$$e^{-\lambda t} = \frac{1}{e^{\infty}} \cong 0 \tag{2.10}$$

これより放射能は

$$A = Nf\sigma \tag{2.11}$$

これは時間 t に関係なく一定値を表すことから，この値を**飽和放射能**と呼ぶ. 一般に生成核種の放射能は，生成核の半減期の 10 倍の長さの照射時間で，飽和値の 99.9% に達する. したがって生成核の半減期が短い場合には放射能は急速に飽和値に達するが，半減期が照射時間と比べて大変長い場合は，生成放射能は照射時間に比例する.

(3) γ 線放出

中性子を標的物質に照射すると，励起した核から γ 線が放出される. これを**即発 γ 線**といい，複合核から 10^{-14} 秒以内に放出される. 一方複合核が基底状

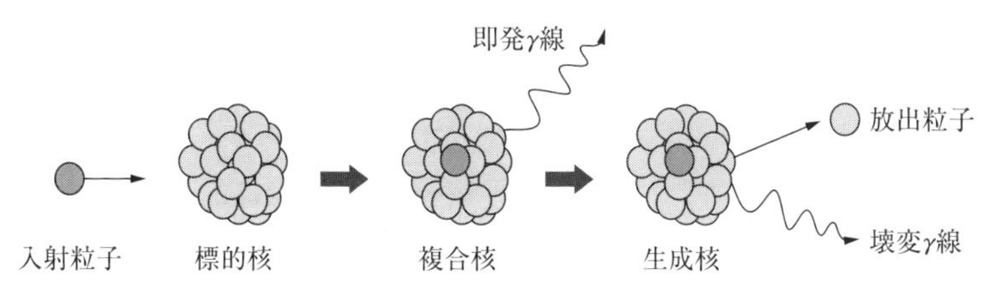

図 2.3 核反応と γ 線放出

態に移ろうと放出粒子とともにγ線を放出するとき，これを**壊変γ線**と呼ぶ(図2.3).

2.1.3　荷電粒子による核反応

陽子，α粒子などの荷電粒子による核反応では，中性子と異なり標的核にクーロン斥力を越えて飛び込ませるためのエネルギーが必要となる.

(1)　核反応のQ値

核反応のエネルギーは，反応式の右辺にQを加えて表す．ラザフォードが行った$^{14}N(\alpha, p)^{17}O$反応で，反応式にQ値を加えて表すと次のようになる.

$$^{14}_{7}N + ^{4}_{2}He \longrightarrow ^{17}_{8}O + ^{1}_{1}H + Q \tag{2.12}$$

このときのQ値を原子量により計算すると

$$\begin{aligned} Q &= \{M(^{14}_{7}N) + M(^{4}_{2}He)\} - \{M(^{17}_{8}O) + M(^{1}_{1}H)\} \\ &= (14.003074 + 4.002603)u - (16.999132 + 1.007825)u \\ &= -0.0013u \end{aligned} \tag{2.13}$$

この反応は$Q<0$であるから**吸熱反応**で，この反応をエネルギー的に可能にするためには，入射粒子に必要なエネルギーを供給することが必要である．すなわち

$$Q = 0.0013 \times 931\ \mathrm{MeV} = 1.2\ \mathrm{MeV} \tag{2.14}$$

に相当するエネルギーを放出粒子がもつように，入射粒子を加速しなければならない.

しかし実際はα粒子の運動エネルギーがちょうど1.2MeVを超しただけでは反応は起こらない．これは一つには，反応の前後の運動量とエネルギー保存則により，吸熱反応を進行させるのに必要な入射エネルギー（E_a）の最小値は次式で表されるためである.

$$E_a = |Q| \cdot \frac{M_x + M_a}{M_x} \tag{2.15}$$

ここで，M_xは標的核の質量，M_aは入射粒子の質量である.

したがって，$^{14}N(\alpha, p)^{17}O$反応をエネルギー的に可能にさせるα粒子のしきいのエネルギーは

$$E_a = \frac{14+4}{14} \times 1.2 = 1.54\ \mathrm{MeV} \tag{2.16}$$

が必要となる．

(2) クーロン障壁

さらに核反応のエネルギーでもう一つ考えなければいけないのが，クーロン障壁である．荷電粒子と物質との反応では，粒子と標的原子核との間のクーロン斥力により，さらに第2のエネルギーが必要となる．したがってたとえばα粒子が標的となる原子核の核力の範囲内に入ってしまうまでは，その距離が近づけば近づくほどクーロン斥力は増大する．この斥力がポテンシャル障壁を生じ，これを乗り越えるエネルギーがないと入射粒子は核の中へは入れない．いま，電荷Z_1e，半径r_1の原子核（質量数A_1）に電荷Z_2e，半径r_2の入射粒子（質量数A_2）が接近するときの，原子核のまわりのポテンシャル障壁の高さVは次式で表される．

$$V=\frac{Z_1Z_2e^2}{r_1+r_2}=1.03\frac{Z_1Z_2}{A_1{}^{\frac{1}{3}}+A_2{}^{\frac{1}{3}}}\ [\mathrm{MeV}] \tag{2.17}$$

原子核の半径を$r=1.5\times10^{-13}A^{1/3}$の式から計算すると，$\alpha$粒子と^{14}N原子核との間の障壁の高さは約3.4 MeVとなる．したがって式（2.12）でα粒子が必要な運動エネルギーは$3.4\times(14+4)/14=4.4$ MeVとなる．

なお，クーロン障壁は荷電粒子が原子核に正面衝突する場合で算定しているが，実際には入射粒子の進行方向と標的核の中心がずれている場合も相互反応が起こり，こうした場合はさらに遠心力による障壁も考えなければならない*1．さらにこうしたポテンシャル障壁は，粒子が入射するときだけでなく，原子核から出ていくときにも作用を及ぼす．したがって，一般に荷電粒子は障壁に必要なエネルギーに加えて，原子核内でもかなり高いエネルギーに励起されていることが必要となる．ラザフォードが用いた先の実験でも，7 MeV以上のα粒子が使用されているが，最も重い元素については障壁の高さはα粒子で約30 MeVと計算される．

＊1 遠心力による障壁の高さVは次式で表される．

$$V=h^2l(l+1)/[8\pi^2M(r_1+r_2)^2]$$

ここでhはプランク定数，lは$h/2\pi$を単位とした軌道角運動量，Mは入射粒子の質量である．

(3)　荷電粒子加速装置

1919年ラザフォードが行った核反応による人工的な原子核の変換以来，α粒子を用いた核反応は数多く研究された．しかし原子番号の大きな原子では，核とα粒子との電荷の反発が大きく，自然放射性物質から得られるα粒子では高原子番号物質の原子核に対して核反応を起こすことができなかった．ラザフォードの実験の成功は，低原子番号を標的物質に用いたことにある．荷電粒子を加速させる装置の開発が必要であった所以である．

荷電粒子は電荷をもっているため，電場の中で加速のための力（加速度）を得ることができる*1．加速電界には時間的に一定な静電界と，周期的に変化する高周波電界があり，静電界を用いる加速器にはコッククロフト・ウォルトン型加速器やバンデグラフ加速器がある．コッククロフト・ウォルトン型加速器は比較的低い電圧（1 MeV 程度）で大電流のビームを得るのに使われ，工業分野で使用されている．一方高エネルギーのイオン加速器と数MeV以上の電子加速器はほとんど高周波加速器で，高周波電極を直線状に並べた線形加速器（リニアック）と，円形加速器がある．

円形加速器のうちシンクロトロンは常に軌道は一定に保ちながら加速させるのに対して，サイクロトロンは軌道がらせん形で加速に従い軌道半径が大きくなる．したがって当初サイクロトロンは高エネルギーの加速を目指して大型化の傾向にあったが，1980年代に超小型サイクロトロンの開発に成功し，医療分野でPET（陽電子放出断層撮影：positron emission tomography）に用いられる短半減期の放射性核種（^{11}C，^{13}N，^{15}O，^{18}F）の製造が病院内で可能となった．

2.1.4　核破砕反応

高エネルギーの粒子線が原子核に衝突したとき，原子核が破壊され，中性子や中間子などの粒子が多数放出される反応をいう．衝撃エネルギーが数百MeVになると，高度に励起された複合核から多数の破片が放出されるようにな

＊1　電場Eの中で荷電粒子（質量：m，電荷：q）がもつ加速度aは$a=q\cdot E/m$で表される．

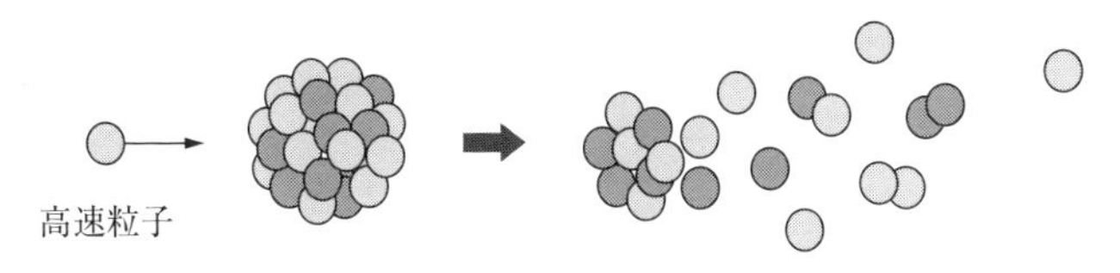

図 2.4 核破砕反応

り，**破砕反応**（spallation reaction）と呼ばれる（図 2.4）．宇宙から来る放射線（一次宇宙線）が地球大気と衝突して起こるのがこの核破砕反応で，地上に届くのはこのときに発生した大量の粒子（二次宇宙線）である．核破砕反応により生じた放射線には，中性子，γ 線，電子線，ニュートリノ等と多くの中間子があるが，生じた中間子もエネルギーが高いため，さらに周りの原子核に衝突し，粒子の数をねずみ算的に増幅しながらエネルギーを落としていく．このため地上では，空気シャワーと呼ばれる電磁カスケードとなって二次宇宙線が観察される．

なお，一次宇宙線の約 9 割をなす陽子線と次いで多い α 線は，大気圏で気体粒子と相互作用を起こすため地上に届くことはない．

2.2 核 分 裂

核分裂は，重い原子核が 2 つ以上の核に分裂する反応を指す．1938 年，ハーン（O. Hahn）らはウランに中性子を当てる実験において，ウランより軽い生成物（バリウム）を観察し，重さはウランの約半分であることから，核分裂の発見に至った．

2.2.1 核分裂の原理

核分裂の原理は，ボーア（N. Bohr）が提唱した液滴モデルで定性的に説明することができる．球形は，与えられた容積に対して最小の表面積をもっている．そこで液滴が表面張力によって球形になろうとするのと同様に，原子核は核力によって結び付けられて球体を形成している．Bohr と Wheeler は原子核には Z^2/A によって決まる限界の大きさがあり，これより大きくなると原子核で正に帯電している陽子同士のクーロン斥力が，原子核を結合している表面

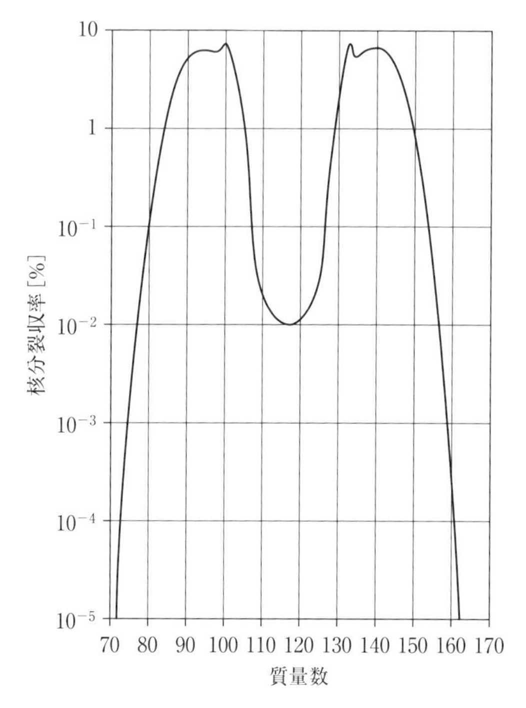

図 2.5　^{235}U の低速中性子線による核分裂収率曲線

力よりも大きくなるとした．この限界の大きさは，$Z^2/A=50$ に近いと計算される．そこでこの結合の限界よりほんの少し下にある原子核は，少しの励起エネルギーでも分裂しやすくなるため，重い原子核ほど核分裂が起こりやすくなる．

原子核が分裂したときの生成物（分裂片）に関しては，決まったものはなく，非常に多くの種類の核分裂生成物が知られている．^{235}U の熱中性子による核分裂では，生成核の種類は原子番号 30 の亜鉛（Zn）から，原子番号 66 のジスプロシウム（Dy）まで，質量数でいうと $A=72$ から $A=161$ まで分布している（図 2.5）．この生成物は，はじめの核分裂によって生成した第 1 次生成物が，最終的に安定な核種になるまで崩壊を行った**鎖列**（fission chain）を含んでいる．重い核では中性子過剰にあることから，生成物は逐次 β^- 崩壊によって安定な同重体へと壊変していく．^{235}U の場合，図 2.5 で分布している核種は平均 3.2 回の β 崩壊を行い，最大で 6 回もの崩壊をする鎖列もある*1.

ここである核種の**核分裂収率**とは，核分裂生成物の鎖列収率を質量数の関数として百分率で表したものである．熱中性子による核分裂生成物の収率は非対称を示し，^{235}U の場合その極大値は $A=95$ と $A=138$ にある．さらに核分裂の中には極大が 3 つ表れるものもある*2．しかし衝撃エネルギーが増加するとともに，非対称性は明らかでなくなり，40 MeV 程度では極大が 1 つだけの対称性を示す.

2.2.2 核分裂の特徴

核分裂の特徴は 2 点ある．一つは分裂の際放出されるエネルギーの大きさで，重い核が分裂したときには 200 MeV に近い莫大なエネルギーの放出を伴う．図 2.6 は，核子 1 個当たりの結合エネルギーを表した図である．最も結合エネルギーが高いのは中重核で，重い核よりもずっと高い結合エネルギーをもっていることがわかる．鉄は安価でありながら高い強度をもっているが，高い

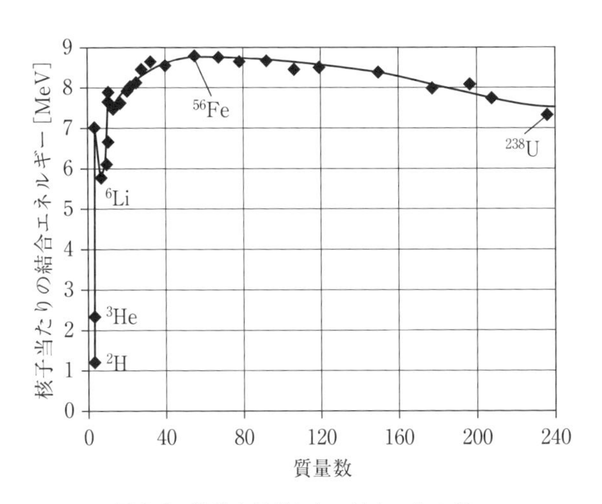

図 2.6 核子 1 個当たりの結合エネルギー

＊1 ^{90}Br(1.4s)→ Kr(33s)→ Rb(2.7m)→ Sr(28y)→Y(64.3h)→ Zr(安定)

＊2 たとえば ^{226}Ra の 11 MeV 陽子線照射で 3 つの極大値が観察された.

結合エネルギーを有していることから，すべての元素の中で最も原子核が安定している．地球の中心部で大量に鉄が存在する所以である．

ところで原子核は，核子同士が結合することによってその質量は軽くなる．これを**質量欠損**といい，^{4}He 原子でみると質量欠損（Δm）は次式で表される[*1]．

$$\begin{aligned}\Delta m &= (1.007276\times 2 - 1.008665\times 2) - 4.002603 \\ &= 0.029279\,[\mathrm{u}] = 27.27\,[\mathrm{MeV}] \end{aligned} \tag{2.18}$$

ここで結合エネルギーの高い中重核の原子の方が，質量欠損も大きいことから，重い原子核が分裂したとき，その生成核は元の核種よりも結合エネルギーが高くなる．したがって分裂によって質量欠損に相当する分は軽くなることから，その差がエネルギーとして放出される．たとえば $A=250$ の原子核が $A=150$ と $A=100$ の2つの原子核に分裂したとき，それぞれ1核子当たりのエネルギーを 7.5 MeV，8.2 MeV，8.5 MeV とすると，核分裂により放出されるエネルギーは次式で示される．

$$\Delta m = (8.2\times 150 + 8.5\times 100) - 7.5\times 250 = 205\,[\mathrm{MeV}] \tag{2.19}$$

これを化学的エネルギーと比べてみよう．たとえばエチルアルコール1分子を燃焼したときのエネルギーは 17.4 eV であるから[*2]，1個の核分裂で放出されるエネルギー 205 MeV は，その1億倍以上という，桁違いのエネルギースケールとなる．

もう一つの重要性は，核分裂の際に分裂片と同時に1個以上の中性子が放出されることである（図 2.7）．核分裂に伴って発生する中性子のうち，1個の中性子が次の核分裂反応に利用されれば，核分裂反応は限りなく続く．これを核分裂**連鎖反応**という．^{235}U が熱中性子誘起核分裂を起こすと，2.47 個の中性子が放出されることが知られている．原子炉では核分裂の際のエネルギーを熱に変換して電力に利用するが，その際核分裂が爆発的に起きないように，1回の核分裂で出た中性子のうち次の核分裂で使われる数を1に保つことで，**臨界状態**と呼ばれる定常的な核分裂反応を保っている．

＊1　$1\,\mathrm{u} = 1.66054\times 10^{-27}\,\mathrm{kg} = 931.478\,\mathrm{MeV}$，$m_p = 1.007276\,\mathrm{u}$，$m_n = 1.008665\,\mathrm{u}$ で計算．

＊2　C_2H_5OH：1365 kJ/mol，$1\,\mathrm{eV} = 1.602\times 10^{-19}\,\mathrm{J}$ で計算．

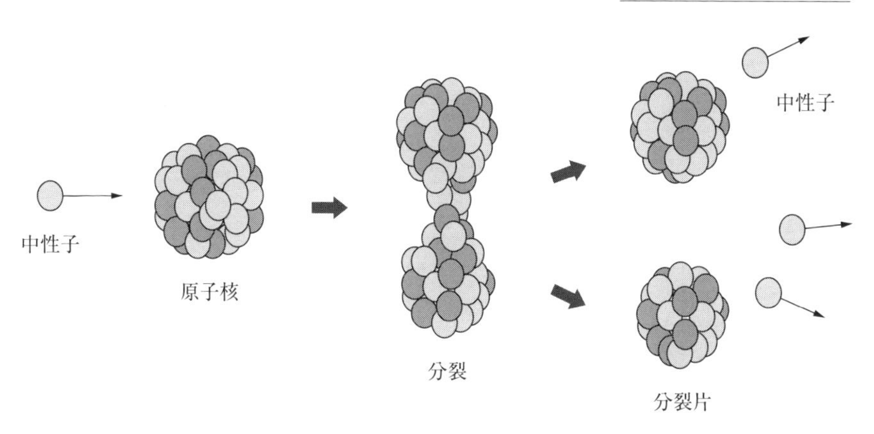

図 2.7 核分裂による中性子の放出

次式は，^{235}U の核分裂反応の例を反応式に表したものである．

$$^{235}\mathrm{U}+\mathrm{n}\longrightarrow{}^{236}\mathrm{U}\longrightarrow{}^{139}\mathrm{Ba}+{}^{94}\mathrm{Kr}+3\mathrm{n}$$

また，これを式（2.4）のように表すと，次の表記となる．

$$^{235}\mathrm{U(n,\ f)}^{139}\mathrm{Ba},\quad {}^{235}\mathrm{U(n,\ f)}^{94}\mathrm{Kr}$$

2.2.3 自発核分裂

核分裂では外からエネルギーを与えなくても自然に核分裂を起こす場合があり，これを**自発核分裂**（SF：spontaneous fission）という．核分裂過程では原子核は球形に近い状態（このとき原子核は最も安定している）から徐々に形が伸び，楕円形からひょうたん型を経て 2 つに分かれる．この変形していく過程では内部エネルギーは元の状態よりも高くなることから，原子核は自然に分裂することが抑制されている（核分裂障壁）（図 2.8）．しかしウラン等の重原子核ではわずかな確率で自然に核分裂を起こすことができる．たとえば ^{252}Cf は主として α 壊変をするが，3%の確率で核分裂によって壊変する．これは 1 g 当たり毎秒約 6.2×10^{11} 個の核分裂を起こし，2.3×10^{12} 個の中性子の発生となる．ちなみに ^{238}U では中性子の発生は 1 g 当たり毎秒約 0.01 個程度である．このため ^{252}Cf は中性子源として重要な核種である．自発核分裂は，放射性核種の壊変型式の 1 つのため固有の半減期をもち，非常に長い半減期が多

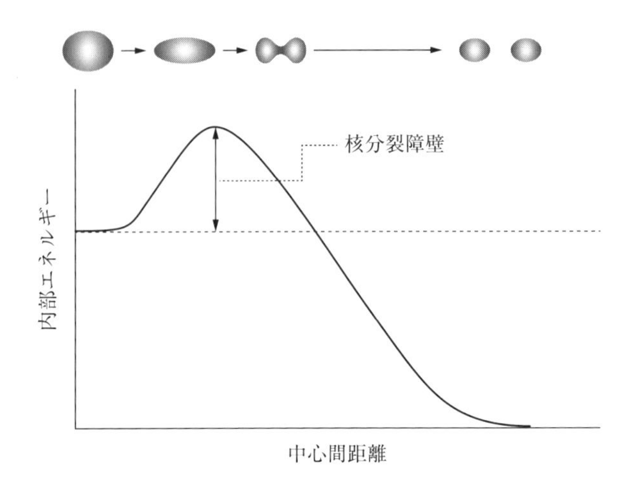

図 2.8　^{235}U の核分裂反応と内部エネルギーの変化

表 2.1　自発核分裂を起こす主な核種とその半減期

核種	半減期（SF）	核種	半減期（SF）
^{230}Th	$\geq 1.5\times10^{17}$ y	^{238}Pu	$(4.70\pm0.08)\times10^{10}$ y
^{232}Th	$\geq 1\times10^{21}$ y	^{240}Cm	1.9×10^{6} y
^{233}U	$\geq 2.7\times10^{17}$ y	^{241}Am	$(1.0\pm0.4)\times10^{14}$ y
^{235}U	$(9.8\pm2.8)\times10^{18}$ y	^{242}Cm	$(7.0\pm0.2)\times10^{6}$ y
^{236}Pu	$(3.4\pm1.2)\times10^{17}$ y	^{246}Fm	13.8s
^{237}Np	$\geq 1\times10^{18}$ y	^{252}Cf	(85.5 ± 0.3) y
^{238}U	$(8.2\pm0.1)\times10^{15}$ y	^{256}Cf	(12.3 ± 1.2) min

「The Nuclear Fission Process」より一部抜粋

い．表2.1に自発核分裂を起こす主な核種とその半減期を示す．

2.3　放射性核種の製造

2.3.1　原子炉生成核種

中性子は電荷をもたないので加速することはできない．したがって中性子の供給源は核反応だけで，その際中性子は高く励起された原子核から放出されるため，一般にエネルギーもかなり高い．このため放射性核種の製造に，原子炉を利用すれば容易にかつ安価に製造することができる．表2.2に，中性子による主な核反応の例を示す．

表 2.2 中性子による主な核反応

核反応の形式	主な核反応		
(n, γ)	^{23}Na(n, γ)^{24}Na ^{44}Ca(n, γ)^{45}Ca ^{88}Sr(n, γ)^{89}Sr ^{132}Xe(n, γ)^{133}Xe	^{31}P(n, γ)^{32}P ^{58}Fe(n, γ)^{59}Fe ^{89}Y(n, γ)^{90}Y ^{197}Au(n, γ)^{198}Au	^{34}S(n, γ)^{35}S ^{59}Co(n, γ)^{60}Co ^{109}Ag(n, γ)^{110m}Ag ^{202}Hg(n, γ)^{203}Hg
(n, γ) $\xrightarrow{\beta^-}$ (n, γ) $\xrightarrow{\beta^+,\ EC}$	^{76}Ge(n, γ)^{77}Ge $\xrightarrow{\beta^-}$ ^{77}As ^{110}Pd(n, γ)^{111}Pd $\xrightarrow{\beta^-}$ ^{111}Ag ^{124}Xe(n, γ)^{125}Xe $\xrightarrow{\beta^+,\ EC}$ ^{125}I	^{98}Mo(n, γ)^{99}Mo $\xrightarrow{\beta^-}$ ^{99m}Tc ^{124}Sn(n, γ)^{125}Sn $\xrightarrow{\beta^-}$ ^{125}Sb ^{130}Te(n, γ)^{131}Te $\xrightarrow{\beta^-}$ ^{131}I	
(n, p)	^{14}N(n, p)^{14}C ^{54}Fe(n, p)^{54}Mn	^{32}S(n, p)^{32}P ^{58}Ni(n, p)^{58}Co	^{35}Cl(n, p)^{35}S ^{75}As(n, p)^{75}Ge
(n, α)	^{6}Li(n, α)^{3}H	^{27}Al(n, α)^{24}Na	^{40}Ca(n, α)^{37}Ar

表 2.3 原子炉で製造される主な放射性医薬品とその用途

RI	半減期	壊変	用途
^{59}Fe	44.495 d	β^-	鉄代謝検査，造血機能検査
^{81m}Kr	13.10 s	IT	局所肺血流検査，局所脳血流検査，局所肺換気機能検査等
^{89}Sr	50.53 d	β^-	骨転移疼痛緩和治療薬
^{90}Y	64.00 h	β^-	リンパ腫内用放射線治療薬
^{99m}Tc	6.015 h	IT	シンチグラフィ用医薬品
^{125}I	59.40 d	EC	前立腺癌永久挿入治療，RIA（放射免疫分析法），シンチグラフィ用医薬品等
^{131}I	8.020 d	β^-	甲状腺機能亢進症や甲状腺がんの内服薬，シンチグラフィ用医薬品，循環血液量・心拍出量の測定等

(n, γ) 反応は，原子核が中性子を吸収してガンマ線を放出する核反応で**中性子捕獲**（neutron capture）ともいう．この反応では，標的核種と生成核種は同じ元素となるため，化学的挙動が等しく分離操作が化学的にはできない．したがって生成物の比放射能*1 は下がり，医薬品として利用する際は標識率の低下を招く．しかし (n, γ) 反応は中性子過剰核種となるため，生成核がさらに β^- 壊変する核種が多い．この場合は標的核種と生成核種は別の元素になるので，生成核から標的核種を取り除くための化学分離操作が可能となり，**無担体核種***2（キャリアフリー）として取り出すことができる．

＊1 比放射能：同位体の全重量に対する放射能の割合 [Bq/g] をいう．
＊2 担体：化学操作を安定にするために加える同位体を指す．

原子炉で製造される主な放射性医薬品には ^{59}Fe，^{81}Rb(^{81m}Kr)，^{89}Sr，^{90}Y，^{99}Mo(^{99m}Tc)，^{125}I，^{131}I がある．それぞれ利用は表 2.3 による．

原子炉生成核種については，原料となる ^{235}U が入手困難のうえ，核分裂性廃棄物処理および核不拡散上の問題もあり，我が国は100%外国から輸入している．

2.3.2　サイクロトロン生成核種

サイクロトロンは入射粒子に陽子や重陽子線を用いるため，標的核が低原子番号物質の場合は，生成核は陽子過剰核種となり，その壊変は β^+ 壊変や EC 壊変が主となる．このため PET に用いられる放射性同位元素には，陽電子を放出するための比較的軽い原子が用いられ，入射粒子には 10〜15 MeV の陽子と，8 MeV 程度の重陽子が用いられる．表 2.4 に PET で用いられる陽電子壊変核種と核反応を示す．

PET 核種では，壊変に伴って正反対の方向に放出される 511 keV の 2 本の消滅放射線を利用する．このため，エネルギーは大きいが，同時に一対の光子を放出するので，同時計測法により優れた位置情報を得ることができる．また，PET 核種の多くは生体構成元素の同位体であることから，生体内での挙動は生体内代謝と等しく，生化学的機能の検査に優れている．放射性医薬品の FDG（フルデオキシグルコース：Fluoro Deoxy Glucose）は，^{18}F-FDG として，腫瘍・炎症の診断や，心筋・脳シンチグラフィーに使用されるが，がん診断の保険適応とあいまって急速に市場で発展した．

診断用の放射性医薬品として体内に投与される RI の条件としては，内部被ばくを少なくするため，基本的に低〜中エネルギーの γ 線を放出し，かつ粒子線は放出しない核種が望ましい．核医学検査において画像に寄与する放射線は

表 2.4　PET 用陽電子壊変核種と生成反応

RI	半減期	生成反応
^{11}C	20.39 m	$^{14}N(p, \alpha)^{11}C$
^{13}N	9.965 m	$^{16}O(p, \alpha)^{13}N$
^{15}O	122.24 s	$^{15}N(p, n)^{15}O$　$^{14}N(d, n)^{15}O$
^{18}F	109.771 m	$^{18}O(p, n)^{18}F$　$^{20}Ne(d, \alpha)^{18}F$

主にγ線によるものであり，その崩壊過程でβ^-線を放出する核種は，患者にとって無駄な被ばくが増えるだけである．前述したように，原子炉生成核種は容易で安価に，かつ大量に放射性核種の製造が行える反面，崩壊過程でβ^-線を放出することが多い．一方サイクロトロン生成核種は，生成核は（p, n），（d, n）等の反応により，中性子を放出する中性子欠損核となるので，β^+壊変やEC壊変する核種が多い．そのためβ^+壊変核種では，放出された陽電子が消滅するときに出る消滅放射線を，またEC壊変では，捕獲された軌道電子に関連する特性X線を用いることができるのが利点である．

さらにサイクロトロン生成核種は（p, n），（d, n）等の反応を利用するため，生成核種は標的核種とは原子番号が異なった元素となる．これは（n, γ）反応による原子炉生成核種と異なり，無担体核種のみを簡単に得ることができるため，放射化学的純度の高い放射性医薬品の製造につながる．このように人体に投与する放射性医薬品としては，原子炉生成核種よりもサイクロトロン生成核種の方が優れた特性を多く有している．

核医学の分野で使用されるサイクロトロン製造核種には，こうした適切なγ線エネルギーや粒子線を放出しないことの他，半減期が適切な長さであること，疾病部位を診断できる医薬品に合成しやすい核種であること等が求められる．こうした要件を満たした核種として，^{67}Ga，^{123}I，^{201}Tl等が選ばれてきた．表2.5に医療用サイクロトロン生成核種とその用途を示す．

表2.5　医療用サイクロトロンで製造される主な放射性核種とその用途

RI	半減期	壊変	用途
^{67}Ga	78.3 h	EC	悪性腫瘍，炎症性疾患の診断・評価
^{81}Rb-^{81m}Kr	4.6 h/13 s	EC, β^+	局所脳血流検査，局所肺換気機能検査，局所肺血流検査
^{111}In	2.83 d	EC	脳脊髄液腔病変の診断，造血骨髄の診断
^{123}I	13.0 h	EC	局所脳血流，甲状腺の機能
^{201}Tl	73.6 h	EC	心筋，腫瘍，副甲状腺の診断

2.4 ジェネレータ

2.4.1 ジェネレータの構造

放射性医薬品の1つであるテクネチウム製剤は，放射性同位元素である ^{99m}Tc を，疾病部に集積する性質を有する薬剤に標識させたもので，核医学検査で最も広く利用されている放射性医薬品である．^{99m}Tc は短半減期（6時間）のため減衰が早く，1日経つと始めの6.25%にまで減少することから保管ができない．しかし放射平衡にある核種なら，半減期の長い親核種から娘核種を分離して取り出すことで，娘核種を必要なときに使用することができる．**ジェネレータ**は，放射平衡にある核種から，娘核種のみを取り出す装置をいい，ジェネレータから溶出した ^{99m}Tc は，適当な薬剤に標識させることで使用目的に合ったテクネチウム製剤を調整して用いる．

図2.9は ^{99m}Tc ジェネレータの構造図である．カラムにはイオン交換体としてアルミナ[*1]を充填し，親核種である ^{99}Mo を含んだ溶液[*2]を用いて，MoO_4^{2-} の化学形でアルミナに吸着させている．^{99}Mo が壊変して ^{99m}Tc になるとき，化学形は TcO_4^- で1価の陰イオンとして存在することから，親核種の MoO_4^{2-} よりも吸着が弱くアルミナから溶離しやすい．そこでカラムに生理食塩水を通すと，TcO_4^- が Cl^- と置換してカラムから溶離し，親核種と分離することができる（図2.10参照）．分離後の溶液中には Na^+ が多く存在していることから，^{99m}Tc は $NaTcO_4$（過テクネチウム酸ナトリウム）の形で存在している．

なお，ジェネレータから溶出した ^{99m}Tc は化学的に安定な +7 価のため，このままでは他の薬剤と標識できない．そこで化学反応しやすい形にするため，バイアルに含まれている還元剤を用いて +3 価や +4 価に還元して使用する．スズ還元法と呼ばれる，塩化第一スズを還元剤に用いた例を以下に示す．

$$TcO_4^- + 4H_2O + 4e^- = Tc^{3+} + 8OH^- \tag{2.20}$$

＊1　アルミナ：酸化アルミニウム (Al_2O_3)

＊2　Mo はモリブデン酸アンモニウム：$(NH_4)_2MoO_4$ として存在．

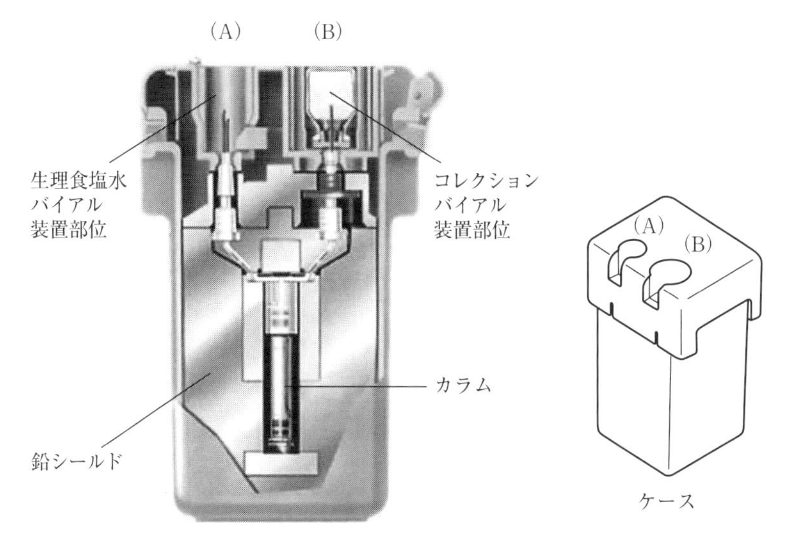

図 2.9 ^{99m}Tc ジェネレータ（日本メジフィジックスの資料より一部改変）

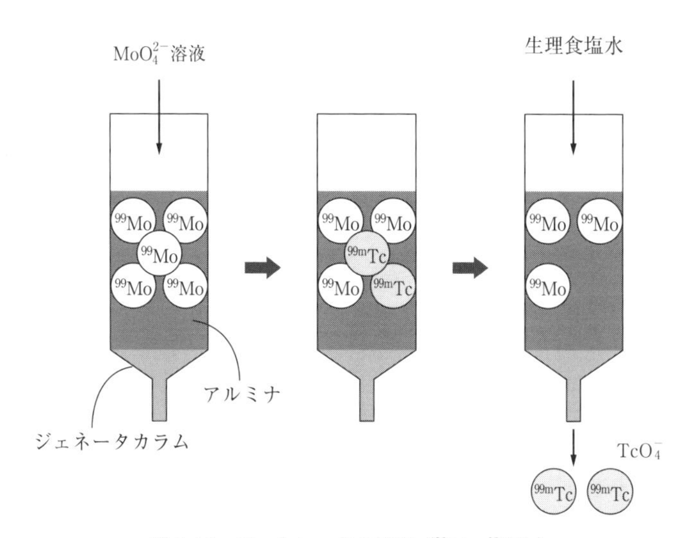

図 2.10 ジェネレータの原理（^{99}Mo-^{99m}Tc）

$$2Sn^{2+} = 2Sn^{4+} + 4e^- \tag{2.21}$$

式（2.20）＋式（2.21）より

$$TcO_4^- + 4H_2O + 2Sn^{2+} = Tc^{3+} + 8OH^- + 2Sn^{4+} \qquad (2.22)$$

2.4.2　ミルキング

短寿命の放射性核種を長寿命の親核種から必要に応じて分離する操作は，牛（cow）から牛乳（milk）を採取する操作になぞらえて，**ミルキング**（milking）と呼ばれる．したがって，ミルキングのための装置であるジェネレータは，**カウシステム**とも呼ぶ．

図2.11は，ジェネレータ内における ^{99}Moの壊変および ^{99m}Tcの生成曲線である．ジェネレータ内の ^{99m}Tcの放射能は，はじめは親核種の壊変に伴い増加していくが，最大値となる約23時間後をピークにその後減少していく．ただし ^{99}Moは，分岐壊変により87.7%は ^{99m}Tcに，13.3%は直接 β 壊変により ^{99}Tcへ壊変する．したがって通常の過渡平衡核種と異なり，娘核種の放射能は親核種の放射能を超えることはない．

ピークに達したのちの ^{99m}Tcは減衰していくので，通常1日ごとにミルキングを行うことで効率よく娘核種を採取することができる．ここで注意しなければならないのは，^{99m}Tcは壊変後 ^{99}Tcとなるが，^{99}Tcはさらに β 壊変を行う放射性核種である．したがって何日もミルキングを行わないでおくと，溶液中

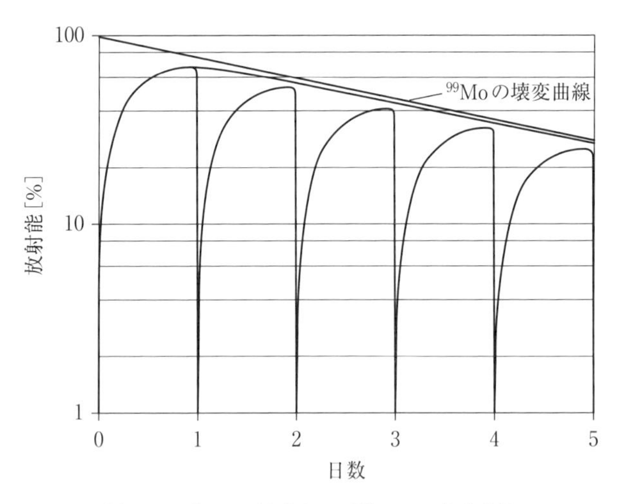

図2.11　^{99}Moの壊変および ^{99m}Tcの生成曲線

に ^{99}Tc も多く含まれることになる．^{99}Tc は ^{99m}Tc と同じ元素のため化学的挙動が等しく，化学的な分離ができないことから，放射性医薬品として標識する際放射化学的純度*1 の低下を招く．そのため何日もミルキングをしなかったジェネレータからは，一度娘核種をすべて採取して新たにミルキングする操作が必要である．

なお，図 2.11 は毎日 ^{99m}Tc を採取したときの放射能の変化を表しているが，^{99m}Tc は親核種の減衰に伴いピークの放射能量も下がっていく．ピーク量が低下する割合は，平衡核種であるため親核種の減衰の傾きと等しい．したがってたとえば 24 時間後の核種の残存率（N/N_0）は，次式で求めることができる．

$$\frac{N}{N_0}=e^{-\lambda t}=\left(\frac{1}{2}\right)^{\frac{t}{T}}=\left(\frac{1}{2}\right)^{\frac{24}{66}} \tag{2.23}$$

なお，ここで注意が必要なのは半減期の核種である．放射平衡にある娘核種は，平衡後は親核種の半減期と平衡して減衰することから，上式に代入する半減期 T の値は，^{99m}Tc の 6 時間ではなく ^{99}Mo の 6 時間である．

また，上式は式（2.7）より近似的に次式で求めることもできる．

$$e^{-\lambda t}\cong 1-\lambda t+\frac{(\lambda t)^2}{2} \tag{2.24}$$

ミルキングによって得られる放射平衡核種の例を表 2.6 に示す．

表 2.6　ミルキング核種の例

親核種			娘核種		
	半減期	壊変		半減期	壊変
^{42}Ar	32.9 y	β^-	^{42}K	12.36 h	β^-
^{68}Ge	271 d	EC	^{68}Ga	67.7 m	EC・β^+
^{81}Rb	4.58 h	EC・β^+	^{81m}Kr	13 s	IT
^{87}Y	79.8 h	EC・β^+	^{87m}Sr	2.8 h	IT
^{90}Sr	28.79 y	β^-	^{90}Y	64 h	β^-
^{99}Mo	65.94 h	β^-	^{99m}Tc	6.02 h	IT
^{113}Sn	115 d	EC	^{113m}In	1.66 h	IT
^{132}Te	3.2 h	β^-	^{132}I	2.3 h	β^-
^{140}Ba	12.75 d	β^-	^{140}La	1.68 d	β^-

＊1　放射化学的純度＝(特定の化学形における放射能/その核種の全放射能)×100［%］

演習問題

2.1　核反応で誤っているのはどれか.

1．$^{14}N(d, n)^{15}O$　2．$^{26}Mg(t, p)^{28}Mg$　3．$^{37}Cl(d, 2n)^{37}Ar$

4．$^{65}Cu(\alpha, 2n)^{67}Ge$　5．$^{80}Se(\alpha, p)^{83}Br$

2.2　(n, p) 反応の標識核（左）と生成核（右）との組み合わせはどれか.

1．^{7}Li ―― ^{7}Be　2．^{13}C ―― ^{13}N　3．^{37}Cl ―― ^{37}Ar

4．^{45}Sc ―― ^{46}Sc　5．^{54}Fe ―― ^{54}Mn

2.3　原子炉生産核種はどれか. 2つ選べ.

1．^{30}P　2．^{59}Fe　3．^{68}Ga　4．^{111}In　5．^{131}I

2.4　サイクロトロン製剤で誤っているのはどれか.

1．^{18}F　2．^{67}Ga　3．^{111}In　4．^{125}I　5．^{201}Tl

2.5　^{99}Mo-^{99m}Tc ジェネレータで正しいのはどれか. 2つ選べ.

1．溶出には食塩水の濃度が関与する.

2．カラムには ^{99m}Tc が吸着している.

3．吸着剤として酸化アルミニウムを用いる.

4．放射平衡後の ^{99m}Tc の半減期は約6時間である.

5．放射平衡に達すると娘核種の放射能は最大となる.

2.6　検定日時で800 MBqある ^{99}Mo-^{99m}Tc ジェネレータで, 検定日時48時間後に初めてミルキングを行ったときに得られる ^{99m}Tc の放射能に最も近いのはどれか.

ただし, ^{99}Mo, ^{99m}Tc の物理的半減期はそれぞれ66時間, 6時間とする.

1．600 MBq　2．500 MBq　3．400 MBq　4．350 MBq

5．300 MBq

〈参考文献〉

1）J. W. Meadows：Excitation Functions for Proton-Induced Reactions with Copper. Phys. Rev., 91 (885), 1953

2）G. フリードランダー他：核化学と放射化学, 丸善, 1962

3）W. マーシャル編：原子炉技術の発展（上）, 筑摩書房, 1986

4）林他：放射化学・放射線化学, 通商産業研究社, 1988

5）日本アイソトープ協会：新ラジオアイソトープ 講義と実習, 丸善, 1989

6）Cyriel Wagemans：The Nuclear Fission Process., CRC Press, 1991

7) 日本アイソトープ協会：アイソトープ手帳 11 版，日本アイソトープ協会，2011
8) 前田米蔵他：放射化学・放射線化学 改訂 5 版，南山堂，2015
9) 花田博之編：放射化学 改訂 3 版，オーム社，2015
10) 大久保恭仁他：放射化学・放射性医薬品，朝倉書店，2015

3 放射化学分離と純度検定に関する分析法

3.1 分離の基本

学術的な研究に留まらず，医療をはじめ工業，エネルギー，農畜水産業など，重要な役割を果たしている放射性同位体（放射性核種，Radioisotope RI）の利用は，我々の社会では一切欠くことのできないものとなっている．

たとえば，放射性同位体の利用で医療における「核医学検査」では，SPECT 診断の診断用放射性医薬品で最も使用されている ^{99m}Tc 製剤をはじめ，PET 検査のポジトロン放射性医薬品の ^{18}F-標識グルコース（FDG）がある．これら放射性同位体は非密封であり，被検者に診断用放射性医薬品を投与することで，トレーサ（微少量の追跡子）となって，その薬剤の標識された化合物特性に係わる体内代謝機序に従って身体の中を駆け巡り，被検者の診断目的とする臓器や器官などへ集積される．集積された放射性同位体は，その壊変特性に伴って放出される放射線の透過作用により，体外の放射線検出器で計測し画像化される．

近年，「核医学治療」が低侵襲性治療法の一つとして期待が高まりつつある中で，^{223}Raに代表されるアルファ線放出核種（α 放射体）のアルファ線内用療法 TAT（Targeted Alpha Therapy）[1,2] や，ラセミ体の L-BPA（L-Boronophenylalanine）のようなホウ素製剤 ^{10}B（安定同位体）と中性子線の組合せによるホウ素中性子捕捉療法 BNCT（Boron Neutron Capture Therapy）[3] など，放射性同位体それ自身の壊変エネルギー，ならびに集積標的核を介して中性子核反応で生成する放射線エネルギーの付与による腫瘍組織への照射治療が先進医療の一翼として確立されている．現在，このような先端医療技術の「核医学診断」と「核医学治療」において，「非密封放射性同位体の分離精製」，すなわち，「放射性同位体製造後の分離精製や純度検定」は重要で，放射性同位体標識化合物の合成や純度に大きく影響を及ぼす．

ここでは放射性同位体のトレーサ量（トレーサ濃度もしくは微少量）特性に基づく一般的な分析化学的手法の基礎項目を学び，それを基にした放射性同位体の各種放射化学的分離法について解説する．特に，医療の基礎的研究から臨床応用で取り扱う放射性同位体の放射能（もしくは，放射能量や放射能強度とも呼ばれる）範囲は，概ねキロベクレル［kBq］からギガベクレル［GBq］レベルである．この放射能レベル範囲での非密封の放射性同位体から放出される放射線は，放射線測定原理からきわめて高感度で検出することができるので，上述の放射能レベルを放射性同位体の量に換算するとトレーサ量レベルで，その量であっても，十分に放射線測定が可能である．たとえば，^{90}Sr が，そのトレーサ量 1 ng（ナノグラム）$=1\times10^{-9}$ g，原子数に換算すると約7×10^{-16}個であると，その放射能は，約 5 kBq に相当し，十分な感度で放射能測定できる．しかしながら，一般的な化学におけるトレーサ量，通例では 10^{14} から 10^{16} 個程度に相当，広義的には原子 1 個からその原子数の範囲まで，このトレーサ量レベルで呈してくる現象に**ラジオコロイド**がある[4]．ラジオコロイド[5,6]とは，放射性を有したコロイドのことで，このコロイドとは媒質中に分散した微粒子（直径が 10^{-9}～10^{-6} m 程度の大きさ）のことである．

放射性同位体の化学分離で注意すること：

① ラジオコロイドになるとその微粒子の数量が格段に少なくなり，通常，コロイド粒子はろ紙を通過するが，その極微量性によって媒質分子（例，水分子など）との親和性から，ろ紙やガラス容器に吸着してしまう．そのため通常量とは異なった媒質中での挙動特性が表れてしまい，一般的な分析化学手法を適用することができない．ラジオコロイドは，溶液中のコロイド状物質に放射性同位体が吸着しており，中性またはアルカリ性溶液中では加水分解生成物にコロイド形成[7]が促進され，その

媒質中に溶存している放射性同位体がこれに吸着する．よく放射性同位体がコロイド形成すると誤認されることがあるので，このことについて注意が必要である．媒質溶液のpHを十分に低く保つことで，コロイド形成量を抑制され，それにより吸着する放射性同位体の数も減り，ラジオコロイドの形成を減少させることができる．

② 放射性同位体は，物理的な半減期を有しているので，その半減期が短い放射性同位体の分離操作では，その操作時間にかかる時間的な因子を考慮しながら，分離分析プロセスの段階ごとに経過時間を記録しなければならない．

③ 非密封の放射性同位体の取扱いは，法令に必ず従い，定められた管理区域内で分離操作を行わなければならない．

3.1.1 担体（キャリヤー）と無担体（キャリヤーフリー）

一般に，医療用RIの製造には，原子炉や加速器が用いられる．医療用RIの原子炉製造核種には，^{131}I，^{99}Mo(^{99m}Tc)，^{81}Rb(^{81m}Kr)，^{125}I，^{59}Fe，^{89}Sr，^{90}Yがあり，その製造のほとんどが海外の原子炉に依存している．加速器は，イオンビームとも呼ばれ，多様な形態の加速器が存在する中で，医療用RI加速器製造には，サイクロトロンが用いられ，国産にて供給されている．医療用RIの加速器製造核種（サイクロトロン製造核種）には，^{123}I，^{201}Tl，^{67}Ga，^{111}In，^{18}F，^{11}C，^{13}Nがある．一般的には，原子炉を使えばサイクロトロンよりも容易に大量かつ安価にRIの製造が可能である．ここで，核医学診断で最も利用される「^{99m}Tc」について触れると，全世界の年間核医学診断数（約2500万件以上）の80%以上を占めており，その親核種である^{99}Moの供給は，高濃縮ウラン（^{235}U）ターゲットの原子炉照射（4～10日間照射）で製造されている．^{99}Moの供給を支えてきたのは，カナダ，ベルギー，オランダ，ポーランド，チェコ，オーストラリア，南アフリカにある研究用原子炉であるが，原子炉の耐用年数やメンテナンスの問題，原子炉燃料の高濃縮ウランの制限などで，それら原子炉の運転停止が行われている．その一例として2016年，カナダの原子炉NRUがシャットダウンで，^{99}Moの製造中止となっている．

^{99}Moの精製過程において，高濃縮ウランターゲットの原子炉照射後，ターゲット本体のウランはもちろんのこと，モリブデン以外の核分裂生成物など，それらすべてが主要なマトリクス（母体，この場合，分析対象から外したい集合体）になり，いわゆる妨害的な**担体**（carrier：キャリヤー），「不純物担体」とも呼ばれ，ターゲット全体が非常に高い放射能レベルとなっている．この高放射能レベルのもとで，これら不純物担体から目的対象とする核種 ^{99}Moのみを，同じ元素であるモリブデンの質量数 $A=99$ と異なる同位体から化学的に精製分離するための放射化学的手法は適用できない．このような場合，同元素の同位体分離では，質量差に起因する物理的な分離手法の質量分離や遠心分離に頼るしかない．原子炉利用による核種製造は，困難な問題点が多く，近年，原子炉に依存しない加速器で発生する速中性子線（熱中性子よりもエネルギーが，約 5.6×10^{8} 倍にも達する高エネルギー中性子線を指す）による ^{100}Mo(n, 2n)^{99}Moの製造研究[8)]が進捗し，国産製造供給も視野に入れた研究開発が精力的に行われている．

加速器（サイクロトロン）による核種製造では，既述した製造核種群に示したように中性子欠損核種を製造することができ，かつ，それら核種の**無担体**（carrierfree：キャリヤフリー）分離精製が可能である．無担体とは，分析目的対象とする核種（製造目的とする核種）が，その元素の安定核種（安定同位体もしくは，非放射性同位体）を含まない状態（無担体状態）にある核種を指し，すなわち，その元素成分のみを分離したときが，分析目的対象のみの放射性同位体だけにある状態が無担体状態で，無担体が**比放射能が最大**の理由である．

核種製造されたトレーサ量の放射性同位体を放射化学的な手法で分離する際，ラジオコロイド形成による分離過程の不安定なふるまいを抑えるために，**非放射性同位体**を適当量添加することで，その後の化学操作が容易になり，分離精製の効率を向上させることができる．このとき添加する非放射性同位体のことを，これから分析目的する放射性同位体に対する担体と呼ばれ，「分析用担体（analytical carrier）」ともいう．このような用途が担体として最も一般的な利用であり，不純物担体などは，それぞれ担体利用の目的に応じて名称が変化する．

3.1.2 同位体担体と非同位体担体

トレーサ量の放射性同位体を含む溶液の化学操作で，この溶液に添加する担体が，その放射性同位体と同じ元素の安定同位体である場合は，**同位体担体**（isotopic carrier）という．同じ元素を溶液に添加するので，その同位体担体が溶液中のトレーサ量の放射性同位体の溶存状態の構造と極端に異なる場合（注意：同位担体でも化学形や原子価数，配位状態などを同じにしなければ担体として有効に作用しない）を除けば，トレーサ量の放射性同位体と添加した同位体担体は，化学的な挙動特性がほぼ同一で，最も効率良くトレーサ量の放射性同位体を分離精製することができる．しかしながら，同じ元素の非放射性同位体（安定同位体）を添加するので，比放射能が低下してしまう．比放射能の低下は，放射性薬剤合成に係わる標識化合物生成での標識率低下に直結してしまうので，理想的には核種合成時の目的とする放射性同位体は無担体状態であることが好ましい．

目的とするトレーサ量の放射性同位体に対して異なる元素の安定同位体を用いて，溶液に添加して化学操作を行い，その化学的な性質が類似していることで分離精製することができる場合，そのような担体を**非同位体担体**（nonisotopic carrier）という．この非同位体担体を用いれば，その後の化学操作で元素間の分離が容易となり，担体を分離させ，無担体状態の試料を得ることができる．

3.1.3 保持担体

核種製造後のターゲット試料や放射性薬剤調整溶液中の親核種と娘核種との間でのミルキング関係，環境試料中に含まれるさまざまな自然放射性核種群などの溶液化後の溶液試料中には複数共存する放射性同位体がトレーサ量レベルで溶存もしくは，ラジオコロイド形成により溶液中を分散している．この溶液中に，目的とする放射性同位体だけを留めておくこと，すなわち化学操作中の液性変化に伴いラジオコロイドの分散安定度から外れ，コロイド粒子間で電気的な反発がなくなり，凝析（凝集）し沈降することを免れるようにするために作用する担体のことを，**保持担体**（hold-back carrier）という．このような用途では，**溶液残留法**による保持担体とされ，溶液中に保持したい目的の放射性同位体と同じ元素である同位体担体を添加する．その後の化学操作では，同じ元素の非放射性同位体が添加されるので無担体分離ができない．たとえば，ゼラチン状沈殿で溶解度積定数 K_{sp}（水への解離度指標で沈殿生成の場合，沈殿物質もしくは沈殿塩の濃度が一定と見なすことができ，解離イオン種の各濃度の積で沈殿生成度合いを表す）の値が非常に小さい水酸化第二鉄 $Fe(OH)_3$ は，それ自身が凝析し沈殿形成する際にトレーサ量の金属を取り込んで共沈させる．このとき，^{59}Fe と ^{60}Co が共存している溶液で，鉄の水酸化第二鉄 $Fe(OH)_3$ の沈殿生成で，^{60}Co が共沈されることを抑制し，Co^{2+} の添加で保持担体として働かせ，溶液中に残留させることができる．このような役割を果たすのが，保持担体である．

3.1.4　スカベンジャー

溶液中に複数で共存している放射性同位体の中で分析目的とするものを溶液中に残留させて，他の不要な放射性同位体を共沈させるときに添加する担体をスカベンジャー（scavenger，清掃剤）という．このような過程を，スカベンジ（scavenge，清掃する，scavenging）する，という．不要な放射性同位体を取り除くことが目的となるので，同位体担体や非同位体担体の区別に関係なく，目的の放射性同位体を取り込まず沈殿生成に適した担体元素を選択し，溶液の液性（主には，温度や pH 条件に応じて）調整し不要な放射性同位体を取り除く．

3.1.5　捕集剤（共沈剤）

一般的な化学では，溶液中に存在する陽イオンと陰イオンは**沈殿剤**を添加し，溶液の液性に従い沈殿物を生成し，上澄み液と沈殿物との二相分離によって目的となる元素を分けることができる．その沈殿物が，溶液中の陽イオンや陰イオンに対してコロイド形成過程を経て沈殿する際に，それらイオンがともに随伴して沈殿する現象を**共沈**といい，そのときの沈殿剤を特に**共沈剤**をいう．たとえば，少量の硝酸イオンを含む塩化バリウム $BaCl_2$ 溶液に硫酸を加えると，硫酸バリウムの沈殿には硝酸バリウムが含まれる．このとき，硝酸バリウム塩は硫酸バリウムと共沈したという．

3.1.6　比放射能

放射性薬剤生成において，比放射能が高いことが要求され，標識化合物を効率良く合成するのに寄与する．逆にトレーサ実験のような代謝物質の動態を調べたり，化学分析効率の検証や同位体希釈分析のスパイク利用のときには，過度な放射線影響を抑えるために，比放射能を低くすることがある．比放射能には2つの定義があり，本来の定義は全同位体の質量に対する放射性同位体の放射能の比で定義され，またもう一つの定義は，対象とする放射性同位体の単位質量当たりの壊変数で表され，この場合は**放射能濃度**ともいう．放射能濃度の場合は，単位体積当たりの壊変数とした意味合いの傾向を示している．比放射能のSI単位は，Bq/kgで表され，Bq/gやBq/Lでも表記される．前者の定義で，たとえば，^{131}Iや^{125}Iの安定同位体は，^{127}Iであるから，このときの^{131}Iの比放射能を求めると

$$\frac{^{131}\mathrm{I}\ [\mathrm{Bq}]}{^{131}\mathrm{I}+{}^{127}\mathrm{I}+{}^{125}\mathrm{I}\ [\mathrm{g}]}$$

で表すことができる．実際には，放射性同位体である^{131}Iと^{125}Iの取扱い量は極微量であるので，ほとんど安定同位体^{127}Iの重量でもって規格化される．よって

$$\frac{^{131}\mathrm{I}\ [\mathrm{Bq}]}{^{127}\mathrm{I}\ [\mathrm{g}]}$$

と表される．この定義では，対象とする放射性同位体が安定同位体でどの程度希釈されているかを確認することができる．

後者の定義で，たとえば，ある試料に対して^{131}Iの比放射能が，現時点で74 MBq/gであるとすると，その試料1 g当たり^{131}Iが7.4×10^7個のβ壊変することを表している．この場合の比放射能の単位で，環境放射能で常用されるところではBq/kgもしくは，Bq/gであり，核医学分野では，取扱い量が少量であることから，Bq/mgまたは，物質量単位を用いて，Bq/mLで表記されることがある．放射性同位体がその安定同位体を含まないときに，最も比放射能が高いので，そのときを**無担体**（**キャリヤーフリー**）という．

3.1.7　ラジオコロイド

3.1.1項で，すでにラジオコロイド（放射性コロイドとも呼ぶ）について概説しているが，ここではラジオコロイドの基礎となる「コロイド」[7] について焦点を当てて説明する．放射性同位体を含む元素は，一般に溶液中に溶解している場合，ここでは極性溶液である水溶液を取り上げ，この水溶液中では水分子の極性作用に伴って，溶解状態であれば陽イオンや陰イオンに分類される．トレーサ量である放射性同位体も同様に溶液中での元素特性に従って，陽イオンや陰イオンのいずれかの状態を形成している．これらイオンの大きさは，その直径が数オングストローム（$1\text{Å}=10^{-10}\,\text{m}=10^{-8}\,\text{cm}$）程度である．今，この溶液中で，沈殿生成になるABの塩があると，陽イオンA^+と陰イオンB^-のそれぞれのモル濃度$[A^+]$と$[B^-]$について，そのモル濃度イオン積$[A^+][B^-]$が，そのAB塩の溶解度積定数K_{sp}を越えると，陽イオンA^+と陰イオンB^-が互いに密接し合って結合し始め結晶格子を形成し，その結晶格子が大きく成長したときには重力の作用で，容器の底へ沈降してくる．一般的には，その結晶格子集合の粒子径がおよそ10^{-4} cm以上になったとき沈殿物（沈殿塩）として溶液から沈降してくる．この過程において，この粒子体は必ずコロイド領域に移行し，その粒子径がおよそ10^{-4}～10^{-7} cmの大きさのときに**コロイド**と呼ばれる．

コロイド粒子の大きさの位置づけ：

溶液中の陽イオン・陰イオン（～10^{-8} cm）→ コロイド粒子（10^{-7}～10^{-4} cm）
→ 沈殿物（$>10^{-4}$ cm）

コロイド粒子表面は電荷を帯びているために粒子同士の結合が抑制され，溶液中から沈降するまでに大きな粒子形成とならず，沈殿に至らない．コロイド粒子表面に電荷を帯びるのは，粒子表面にイオンが吸着されるために起こる．小さい粒子は質量に対する表面積の比が大きく，その表面に吸着されたイオンは溶液中の反対電荷のイオンを引き付ける．たとえば，1滴の硝酸銀$AgNO_3$を塩化ナトリウムNaClの溶液に滴下した場合，$[Ag^+]$と$[Cl^-]$の溶解度積

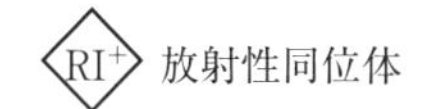

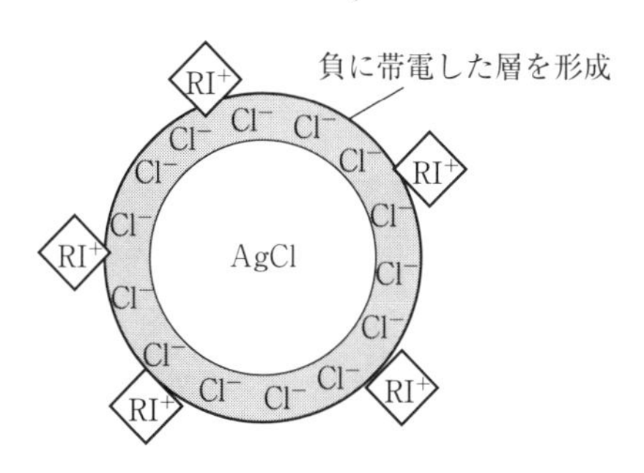

図 3.1 ラジオコロイド粒子の形成

AgCl 以下であっても，Ag^+ の周辺には，NaCl 由来の Cl^- が多く存在するので，Ag^+ イオンの表面を覆い被り格子形成に至る．この格子形成が進むと，吸着特性の一般的な規則である Paneth-Fajans-Hahn 則により，格子形成した同じイオンがさらに吸着していく．この場合は，塩化物イオン Cl^- に該当し，さらに吸着が進み，図 3.1 のように Cl^- イオンの層を吸着形成しながらコロイド粒子が生成していく．

この層が形成されると，その粒子表面全体が負に帯電し，このとき溶液中に存在するトレーサ量の放射性同位体（概ね陽イオン形態であることから）が引き付けられ，**ラジオコロイド**が生じる．

その放射性同位体の元素がもつ一般的な特性，つまり通常の濃度範囲において観測されるはずの挙動が，このラジオコロイドによって違った現象（例，実験器具への吸着など）が観測されるようになる．ラジオコロイドの抑制には，通常の化学操作と同様な操作でトレーサ量の放射性同位体を取り扱うことを目的として，担体を添加することで行う．また，取り扱う溶液を十分に低い pH に保ち，他の種類の粒子（不純物類）を極端に少なくするなどすれば，容器への吸着やラジオコロイドの形成といった問題を解決できる．

3.1.8 同位体効果

ここで対象とする元素の放射性同位体およびその安定同位体には，質量数の違いによる質量差，すなわち中性子数の分の同位体質量差が生じ，それに伴って統計熱力学的な性質を与え，さらに反応速度の違いにつながり，物理学的・化学的性質にわずかな差が顕在化してくる．この効果のことを同位体効果と呼び，この効果により同位体比（同位体存在比）の変動が起こる．このわずかな顕在化が最も確認できるのは，原子番号の小さな元素（水素）とされている．ここで水素を例にすると，「水素」，ここでは敢えて軽水素と呼ぶと，^{1}H で表され，重水素を ^{2}H で D（Deuterium），三重水素を ^{3}H で T（Tritium），水素同位体間をこのように識別する．軽水素（ν_H），重水素（ν_D），三重水素（ν_T）の間で見られる分子振動や反応速度定数に帰属する相対的同位体効果は

水素同位体における相対的同位体効果：

$$\nu_H : \nu_D : \nu_T \approx 1 : \frac{1}{\sqrt{2}} : \frac{1}{\sqrt{3}}$$

のような関係がある．

　ここで，同位体効果における化学反応の速度論への影響について触れると，高等生物などは，水素（軽水素）がすべて重水素に置き代わったとすると，生命を維持することができないことがわかっている．たとえば，水性生物のコイは30%以上の重水（D_2O水）濃度下では，生命を維持することができない．これは，水素同位体間の同位体効果が，化学平衡（物理的な性質に伴う密度や気化熱，粘度，表面張力などの違いの影響）については大きく影響しないが，代謝反応に関係する反応速度が大きく変化し影響を生じ，軽い同位体が重い同位体に換わった場合，代謝速度が致命的に減速するからである．（既述の相対同位体効果の比較において，重い同位体の方が反応速度定数が小さくなっていることからも明らかである．）

　軽元素では，同位体効果があるということを特徴づけても，その効果は通常の化学反応レベルと比較すれば，かなり低く，重い元素になればなるほど，さらにその効果の顕在は小さくなる．つまり，多くの化学分離操作における同位体効果はないと考えても差し支えない．この前提が基本にあり，核医学における人体の代謝挙動に伴う診断や治療では，トレーサ量の放射性同位体と非放射

性同位体（安定同位体）の化学的な反応は同一である根拠となっている．

近年，これまで同位体効果の特徴づけが軽元素のみであるとの認識であったが，最新の研究による重金属のような重い元素でもそのような同位体効果があることを示唆する研究報告[9)]がなされている．ヒト組織中の鉄（Fe）は天然の鉄の同位体比と比較して有意な差が認められ，ヒト組織中には軽い Fe の同位体（^{54}Fe）がより多く存在していることが確認されている．この報告は，ヒト体内の重金属において，同位体効果の存在を明らかにした点で画期的であり，さらに臓器に Fe が沈着する疾患である血色素沈着症患者の血液中鉄同位体比が，健常者と比較して ^{54}Fe の割合が少ないとの報告がなされている．亜鉛（Zn）に関しても調べると，健常者で軽い亜鉛の同位体（^{64}Zn）が天然の Zn の同位体比に比べて多く存在するが，血色素沈着症患者では，その同位体効果の減少が見られ，この同位体効果の違いから血色素沈着症の病態診断の指標になり得ると示唆している．

このように同位体効果に伴う同位体比測定は，病態診断に役立つだけでなく，体内での同位体効果の機構について詳しい知見を与え，体内での重金属の作用機序や重金属の摂取機構の分子レベルでの解明につながると期待される．

3.1.9 同位体交換

同位体交換とは，共通の元素 X を伴う分子 AX と BX が混合している状態で，2 つの分子間でその共通な原子は交換されることを指すことである．2 つの化合物の対象とする元素について異なる同位体 X と X^* で表せるとき，次のような同位体交換が起こりえる．

同位体交換反応：

$$AX + BX^* \rightleftharpoons AX^* + BX$$

同位体同士間では，化学的な性質が類似していることから，上記のような同位体交換反応の化学的な平衡が起こる．溶液中で放射性同位体および非放射性同位体の同位体関係を有する元素が存在するときは，同位体交換反応が発生しているか，化学操作の各段階において収量確認などを実施することが望ましい．一方，着目している化学反応系においてどの程度，化学反応が進行しているかの化学反応熱力学の化学量論を検証するときには，トレーサ量の放射性同位体を添加して，化学平衡となるまで経過観察し，反応生成物の放射能強度を調べることで理解できる．さらに，放射性同位体を用いて同位体交換反応速度を利用して，系全体における化学反応の速度を求めることができる．この場合，既述の化学反応を例にして化学反応進行を決定づける「ギブス自由エネルギー」(ΔG：<0 のときに，その反応が自発的に進行することの指標となる．ちなみに，Δ=0 のときにその反応は平衡状態にあり，化学反応の進行が止まることを意味する）は，平衡定数 k を用いて表すと，以下のようになる．

$$\Delta G = -RT \ln k = -RT \ln \left\{ \frac{[AX^*][BX]}{[AX][BX^*]} \right\}$$

このような同位体交換反応を用いた標識反応があり，代表的な例として，トリチウムの標識合成法に**ウィルツバッハ**（Wilzbach）**法**があり，トリチウム$^3H_2$ガスと有機化合物を接触させて，数日間放置することで同位体交換反応を起こし標識させる方法がある．しかしながら，有機化合物へのトリチウムの標識位置を制御することができない．また，ヨウ化ナトリウムとヨウ化ブチルとの間で放射性ヨウ素の同位体交換反応を起こして，ハロゲンである放射性ヨウ素（I*）の標識反応法がある．

$$NaI^* + C_4H_9I \rightleftarrows NaI + C_4H_9I^*$$

同位体交換反応の反応速度は，対象とする反応系の pH や温度によって化学平衡状態が依存し，かつ，反応物の同位体同士の**原子価状態**でも反応が進行するかしないかが左右されるので，元素が同一だからといって必ず同位体交換反応が進行するとはいえないことを理解しておくことが重要である．

3.2　共沈法（共沈分離法）

3.1.5 項で解説した捕集剤（共沈剤）を用いて，溶液中の分離対象となるトレーサ量の放射性同位体を，その捕集剤（共沈剤）の添加による沈殿生成で生じた沈殿物に取り込むことで分離する方法を**共沈分離法**，または**共沈法**と呼ばれる．共沈現象によって，トレーサ量の放射性同位体が取り込まれる機序機構は，以下のようになる．

1. コロイド粒子表面の帯電作用により，溶存イオン化状態の放射性同位体が電気的に吸着される．別途，頻度は低いが，**混晶**と呼ばれる過程で放射性同位体の元素特性から同じような結晶構造を，そのコロイド粒子と同様な形を取るときには，この混晶が起こりうる．
2. これらコロイド粒子が溶存している溶液中に，捕集剤（共沈剤）が添加されると，**凝析**が起こりコロイド粒子表面の帯電が弱まり，相互で粒子同士が引き付け合い，その過程で放射性同位体が取り込まれる．（吸蔵される．）
3. 凝析により沈殿物が形成され，構成する分子や化合物を生じ，大きく成長した結晶格子構造となって重力作用で容器下面へ沈降する．

3.1.7 項で解説した沈殿生成のもとになる塩について，その溶液中での濃度が溶解度積定数 K_{sp} を超えてくると，細かな沈殿の種となるの極微粒子を形成し，その結晶格子が成長してくる過程で，コロイド粒子形状レベルの大きさとなる．この溶解度積定数 K_{sp} について，一般的な化学反応式を用いて説明すると，今，M_mL_n の沈殿物が生成する場合，その化学反応式は

$$m\mathrm{M}^{n+}+n\mathrm{L}^{m-} \rightleftarrows \mathrm{M}_m\mathrm{L}_n\downarrow \text{（沈殿）}$$

で表される．この化学反応式のもとで，M_mL_n の沈殿が生成する条件は

$$[\mathrm{M}^{n+}]^m[\mathrm{L}^{m-}]^n > K_{sp}$$

となり，ここで $[M^{n+}]$ と $[L^{m-}]$ は，溶液中の M^{n+} と L^{m-} イオンのモル濃度を表している．溶解度積定数 K_{sp} は，室温（25℃）を基準で実験的なデータに基づき，それぞれの沈殿物（難溶性化合物）に関して与えられている．表 3.1 に，主な沈殿物の溶解度積定数 K_{sp} を示す．

表 3.1 主な沈殿物（難溶性化合物）の溶解度積定数 K_{sp}（25℃）[10]

難溶性化合物	K_{sp}
塩化銀 AgCl	1.78×10^{-10}
ヨウ化銀 AgI	8.32×10^{-17}
水酸化鉄（Ⅲ） $Fe(OH)_3$	6.31×10^{-38}
硫酸バリウム $BaSO_4$	1.02×10^{-10}
炭酸カルシウム $CaCO_3$	5.37×10^{-9}

たとえば，塩化銀 AgCl の沈殿について，そのイオンを含む溶液の沈殿生成判定を示す．難溶性化合物である AgCl の沈殿物生成における化学反応式は，以下のように表され，その溶解度積定数 K_{sp} は，1.78×10^{-10} [mol/L]^2 とする．

$$Ag^{+}+Cl^{-} \rightarrow AgCl\downarrow \text{（沈殿）}$$

この化学反応式のもとで，［Ag^{+}］と［Cl^{-}］のモル濃度が，それぞれ $\sqrt{K_{sp}}=\sqrt{1.78\times10^{-10}}$ [mol/L]$\approx1.33\times10^{-5}$ [mol/L] を超えると，もしくは，K_{sp} の値を超えるようなモル濃度配分を取ったときに沈殿を生成する．放射性同位体の取扱いでは，トレーサ量を用いる場合がほとんどであるので，沈殿を生成するレベルまでに達することはないので，沈殿が生成することはない（ただし，不純物が混入しているとラジオコロイドを生成することがある）．そのため，トレーサ量の放射性同位体を沈殿として得る場合には，捕集するための共沈剤（担体）を添加する．目的対象としている放射性同位体を溶液中に保持したいときは，共沈されないよう，もしくはラジオコロイド生成とならないように，保持担体を加える場合もある．

沈殿物として降下する前段階のコロイド粒子形成で，その形成が進行してくるとコロイド粒子表面全体が電荷を帯びた層となって，粒子同士の電気的な反発により結合が抑制され，沈殿物の形成に至らずコロイド粒子は溶液中を滞留し続ける．コロイド粒子表面の帯電により，溶液中の溶存している放射性同位体のイオンが吸着し，**ラジオコロイド**となっている．コロイド粒子が凝析し沈殿物が生成されるときに，個々の沈殿物の特性により，化学的に「**結晶性沈殿**」，「**凝乳状沈殿**」，「**ゼラチン状沈殿**」の3種類[7]に分類することができる．

- **結晶性沈殿**：代表される沈殿物として，硫酸バリウム $BaSO_4$（白色沈殿，溶解度積定数 $K_{sp}=1.02\times10^{-10}$）がある．硫酸バリウムの結晶性沈殿の粒子が大きく成長するにつれて，トレーサ量の放射性同位体，特に，鉛（Pb）との相性も良く，$Ba(Pb)SO_4$ の形態で共沈による沈殿物が生成される．
- **凝乳状沈殿**：塩化銀 AgCl に代表される沈殿物を指す．塩化銀 AgCl の粒子は，結晶性沈殿の硫酸バリウム $BaSO_4$ のようには大きな粒子に成長せず，小さなコロイド粒子が凝析する凝析コロイドとして沈殿する．この凝乳状沈殿では，その粒子が格子構造を形成しにくく，大きく成長しない．

微細な粒子でできているため，他種のイオンを取り込みにくく，吸蔵しにくい沈殿生成過程となる．それにより，非同位体担体としての共沈効果特性（捕集剤としての能力）は弱いといえる．それにより，一般に精製の目的で沈殿を温浸する必要はない．

- **ゼラチン状沈殿**：水酸化鉄（Ⅲ）$Fe(OH)_3$ に代表される沈殿物に該当する．ゼラチン状沈殿の初期粒子は大量に生成し，粒子の大きさも前述の結晶性沈殿や凝乳状沈殿に比べて大きく，溶液にさらされている表面積も大きい．ゼラチン状になっているので，他種イオンの吸着もかなり広い範囲にわたって起こる．すなわち，共沈効果特性（捕集剤としての能力）はきわめて高い．水酸化鉄（Ⅲ）$Fe(OH)_3$ は，pH 値が約 8.5 以下では正に帯電し，それよりも高い pH 値では負に帯電する．したがって，低い pH では陰イオンが第 2 の吸着によって共沈の傾向を示し，高い pH では陽イオンの共沈の傾向を示す．

【共沈カスケード法による鉛（Pb）とビスマス（Bi）分離実験の例】

大気中に存在するラドン子孫核種と呼ばれる核種群があり，そのうち ^{214}Pb（半減期：26.8 分）と ^{214}Bi（半減期：19.9 分），^{212}Pb が代表的である．これら核種は，ラドン ^{222}Rn（半減期：3.825 日）や，トロン ^{220}Rn（半減期：55 秒）が親核種となって，その逐次壊変に伴い壊変系列を組んで生成する子孫核種群である．^{214}Pb の壊変によって生じる娘核種が ^{214}Bi であり，^{212}Pb や ^{208}Tl も合わせて，それらはラドン短半減期核種として分類され，大気中のエアロゾル（大気浮遊塵）に付着しながら滞留している．なお，ラドン長半減期核種には ^{210}Po（半減期：138.38 日）が該当し，内部被ばく線量寄与が大きいアルファ線放出核種になる．内部被ばく線量影響にはラドン子孫核種が大きく寄与している（国内のラドン子孫核種の吸入による内部被ばく線量は，0.40～0.48 mSv/年として推定されている[11)]）．すなわち，呼吸することで大気中のエアロゾルを吸入し，我々の体内における気道や肺まで到達し（PM2.5 レベルでは肺胞付近まで到達するといわれている），その部位で ^{214}Pb と ^{214}Bi, ^{212}Pb, ^{208}Tl によるガンマ線やベータ線の放射線エネルギーによって内部被ばくを引き起こすと考えられている．これまでの研究調査により，国内の大気中に含有する ^{214}Pb と ^{214}Bi は，概ね数ベクレル毎立方メートル（Bq/m^3）程度で，^{212}Pbは，数十ミリベクレル毎立方メートル［mBq/m^3］程度の放射能濃度で存在していることを確認されている．それら濃度は，季節や日周変化に伴って周期的な変動が確認されている．これらおのおののラドン子孫核種の大気中における放射能濃度を動態評価することは，内部被ばく線量評価においては非常に重要となってくる．

ここでは，大気エアロゾル中のラドン子孫核種であるPbとBiの共沈分離手法について紹介する．図3.2に，二段の共沈分離を組み合わせたPbとBiのカスケード（連続）共沈分離法の分離操作手順を示している．

大気中のエアロゾル（大気浮遊塵）をガラスろ紙フィルターGB-100R（アドバンテック社製，捕集効率99.99%@0.3 μmフタル酸ジオクチルDOP）で一定時間，ハイボリュームエアサンプラー（SIBATA社製HV-500F，500 L/min）により捕集後，0.2M硝酸で25 mLを2回（計50 mL）で洗い出し抽出後，その溶液にはPb^{2+}とBi^{2+}イオンの酸化数形態で溶存している．この抽出溶液に対して一段階目の共沈分離を行う際，硫酸バリウム$BaSO_4$共沈を行う．すなわち，この硫酸バリウムはPbイオンの選択的な共沈特性に優れており，スカベンジャー的な働きにより，溶液中にBiイオンを残しつつ，Pbイオンだけを$Ba(Pb)SO_4$の白色沈殿として共沈させる（図3.3の左写真を参照）．

この白色沈殿Ba（Pb）SO_4を，吸引ビンに接続した25 mmϕポリサルフォンフィルターファンネルでその沈殿物（ろ物）とろ液に分ける．この吸引ビン

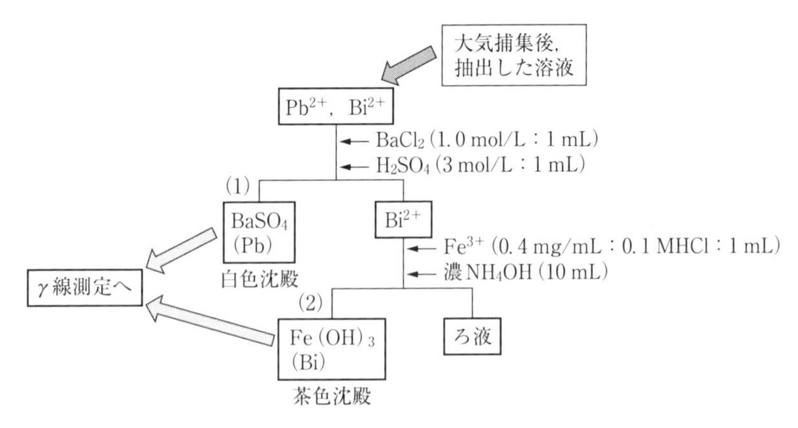

図3.2　PbとBiのカスケード（連続）共沈分離法

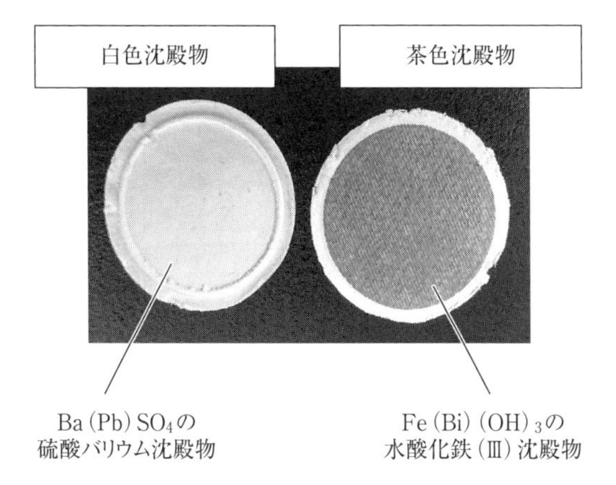

図 3.3 硫酸バリウム共沈および水酸化鉄（Ⅲ）共沈における沈殿物

内には，ろ液を捕集するビーカーがあり，このろ液に二段階目の共沈分離を行う．ろ液には，Pb イオンから分離した Bi イオンを含んでおり，この共沈分離作業では濃アンモニア水を加えることでゼラチン状沈殿の水酸化鉄（Ⅲ）を形成し，溶液中のほとんどの金属イオンを万能に捕集できる水酸化鉄（Ⅲ）共沈から Bi イオンを共沈させる．水酸化鉄（Ⅲ）の沈殿は，硫酸バリウム共沈と同様なポリサルフォンフィルターファンネルで水酸化鉄（Ⅲ）沈殿物を捕集すると，茶色沈殿が得られる（図 3.3 の右写真を参照）．このようなカスケード共沈分離が定量的に行えているかを確認するために，図 3.4 は，水酸化鉄（Ⅲ）の Bi イオン共沈分離成分のガンマ線スペクトルを行った結果である．大気中のエアロゾル中に含まれる Pb と Bi 成分には，ラドン子孫核種である ^{214}Pb，^{212}Pb と ^{214}Bi の短半減期核種が含まれており，特に，^{214}Pb と ^{214}Bi については，図 3.5 で表した壊変図式で見られるように逐次壊変する．

もし，Pb と Bi の共沈分離が不完全であるならば，図 3.3 における水酸化鉄（Ⅲ）共沈の Fe(Bi)$(OH)_3$ 沈殿物に，Pb 成分が混入し，そのガンマ線スペクトル上に，^{214}Bi の親核種となる ^{214}Pb の壊変に伴うガンマ線を観測されてしまう．一般に，放射線計測（放射線観測）の検出定量感度レベルは，化学的な定量法（重量法や呈色反応法，原子分光分析法など）に比較しても格段に優れており，水酸化鉄（Ⅲ）共沈の沈殿物 Fe(Bi)$(OH)_3$ の放射線計測で ^{214}Pb からの壊変に伴う放射線が検出されていないことは，Pb と Bi の共沈分離が完全に行

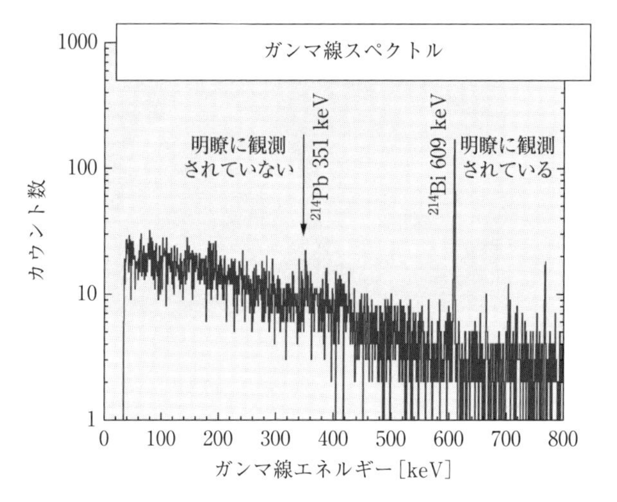

図3.4　水酸化鉄（Ⅲ）共沈の沈殿物におけるガンマ線スペクトル

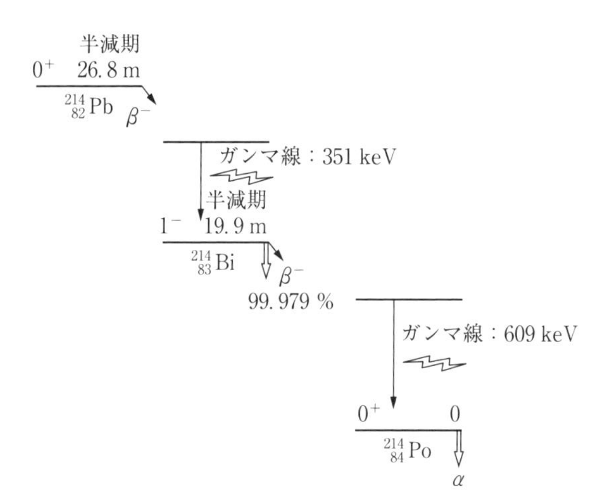

図3.5　^{214}Pbから^{214}Bi，^{214}Poまでの壊変図式と主に放出されるガンマ線エネルギー

われ，共沈分離法の優れた化学分離特性を明示している．

3.3　溶媒抽出法

共沈分離については，難溶性塩と溶液成分間の平衡，すなわち液相から固相へと共沈剤（捕集剤）を加えることを行うが，ここで取り上げる「**溶媒抽出法**」は，難溶性塩の生成と同様に分離目的成分が水の中に溶けにくい（疎水性）状態，もしくはその逆で水に溶けやすい（親水性）状態へと，液（水相：極性あり）と液（有機相：水よりも極性が小さい）との間で平衡状態を作り出すことである．溶媒抽出法の原理は，2つの溶媒，水と有機溶媒において，分離目的とする成分の溶解度の違いを利用することにある．共沈分離法との違うのは，沈殿物という固相ではなく，水とは混合しにくい液体，すなわち疎水性をもつ液体の液相（水よりも極性の低い）に移すことである．

- 分離目的物質を含む溶液（液体で分離元）の極性が，その物質を溶媒抽出により液液面を介して分離される溶液（液体で分離先）の極性よりも高い場合：逆相的な関係，逆相型の液
  液溶媒抽出法
- 分離目的物質を含む溶液（液体で分離元）の極性が，その物質を溶媒抽出により液液面を介して分離される溶液（液体で分離先）の極性よりも低い場合：順相的な関係，順相型の液
  液溶媒抽出法

大きく2つに溶媒抽出法の形式は分類される．溶媒抽出法の基本は，液と液との相分離（液液分離と呼ぶ）で，一般に水相（分離元）と有機相（分離先）とする形式になり，分離目的とする物質がそのおのおのの液相に対する溶解度の差異を利用して分離する．難溶性塩という片方が固相（分離先）で，もう片方が液相（分離元）の共沈分離よりも，溶液（液相）が2つになることで分離条件を細かく設定することが可能となる．

溶媒抽出法の原理について，最も一般的である「逆相型」を対象に解説する．水およびこれと完全に混ざり合わない有機溶媒（今の場合，極性が水よりも小さい）を一定の温度のもとで攪拌する．このとき，使用する器具として，一般にガラス製の分液ロート（図3.6の右側）が使用される．ここで使用する溶媒によっては，テフロンもしくはPP（ポリプロピレン）製の分液ロートが使用される．PP製分液ロート（図3.6の左側）では，ガラス容器からの不純物混入の防止やフッ化水素酸（テフロンが最適）によるガラス腐食防止のために適している．

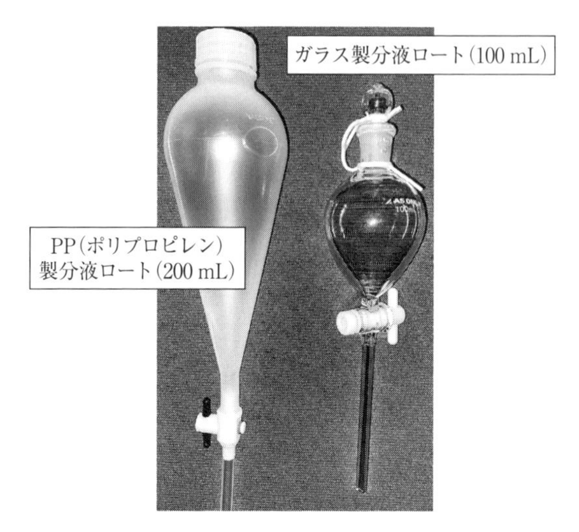

図3.6　ガラス製（右）およびポリプロピレン製（左）分液ロート

溶媒抽出法での分岐ロートの操作ポイントでは

- 水相と有機相を撹拌させる場合，上部の蓋と下部のコックを確実に閉まっていることを確認し，両手でしっかりと押さえながら振盪する．十数秒程度間隔で途中，下部のコックを上向きにして開き，分液ロート内の溶媒気化による内圧上昇を抑える．
- 振盪後，静置するときには，上部の蓋の摺り合わせ面の溝と穴を合わせることで，分液ロート内の内圧を逃がす．
- 二相に分離した液液相は，サラダ油のように一般に水相が下層，有機相が上層になる．さらなる精製分離を行う際は，同様な溶媒抽出操作を2～3回程度行うとよい．

溶媒抽出法に特有の分液ロートを用いて，液液相を振盪させると，溶媒特性に従い一定の比でそれら有機相と水相に，分析目的とする溶質が分配される．放射性核種が金属イオンの場合，水溶液中では陽イオンもしくは錯体系陰イオンなど，目的溶質の元素と溶媒における化学種における極性度合いに応じて水和状態が変化する．その変化が有機相から水相にかけての存在安定度に関係し，有機相と水相での溶解度の差として現れて分離精製の溶媒抽出が進行する．

ここで，放射性同位体の金属イオンをMとした場合，分配比Dは以下の式となる．

$$D=\frac{\text{有機相中のMの全濃度}：C_o}{\text{水相中のMの全濃度}：C_w} \tag{3.1}$$

M が有機相中に移行した割合は抽出率と呼ばれる．抽出率 E［%］は，以下のように定義される．

$$E[\%]=100\times\frac{\text{有機相中のMの量}：C_oV_o}{\text{Mの全量}：(C_oV_o+C_wV_w)}=100\times\frac{\frac{C_o}{C_w}\frac{V_o}{V_o}}{\frac{C_o}{C_w}\frac{V_o}{V_o}+\frac{C_w}{C_w}\frac{V_w}{V_o}}=100\times\frac{D}{D+\frac{V_w}{V_o}} \tag{3.2}$$

ここで V_o および V_w はそれぞれ有機相および水相の分液ロート中の体積を表す．ここで示された式への展開は，前述の式（3.1）の関係式と，分子分母のそれぞれを C_wV_o で除算することで得られる．もし有機相と水相の体積（$V_o=V_w$）が同等である場合，式（3.2）は以下のように簡略化される．

$$E[\%]=100\times\frac{D}{D+1}$$

放射性同位体を含む金属イオンの溶媒抽出では，キレート（Chelate）剤（HDEHP：2-エチルヘキシルリン酸，TBP：トリ-n-ブチルリン酸など）を用いることが多い．キレート剤が金属イオンに錯体形成による錯体結合を有し，それにより疎水性が増すと，錯体形成した金属イオンが有機相へ移行する．水相中の金属イオン M^{n+} とキレート剤 HL が反応し，中性の錯体 ML_n が有機相へ抽出される場合，以下のような平衡反応式が成り立つ．

$$M^{n+}{}_{(w)}+n\mathrm{HL}_{(o)} \rightleftarrows \mathrm{ML}_{n(o)}+n\mathrm{H}^{+}{}_{(w)}$$

ここで，添え字の（w）および（o）は水相および有機相を表している．このキレート剤による溶媒抽出平衡における抽出平衡定数（K_{ex}）は，以下のようになる．

$$K_{ex}=\frac{[\mathrm{ML}_n]_o[\mathrm{H}^+]_w^n}{[\mathrm{M}^{n+}]_w[\mathrm{HL}]_o^n}$$

ここで，$[\mathrm{ML}_n]_o$，$[\mathrm{HL}]_o$，$[\mathrm{H}^+]_w$，および $[\mathrm{M}^{n+}]_w$ は，それぞれ有機相中の錯体形成した金属イオン ML_n およびキレート剤 HL の濃度，水相中の水素イオン H^+ および金属イオン M^{n+} の濃度である．また，分配比 D は

$$D=\frac{[\mathrm{ML}_n]_o}{[\mathrm{H}^+]_w^n}$$

のように定義されるので，このDを用いると，抽出平衡定数（K_{ex}）は，以下のように表すことができる．

$$K_{ex}=D\frac{[\mathrm{H}^+]_w^n}{[\mathrm{HL}]_o^n}$$

この式の両辺を対数で取って，式変形を施すと，なお，$\mathrm{pH}=-\log[\mathrm{H}^+]$なのでこの関係式も用いて

$$\log D=\log K_{ex}+n\log[\mathrm{HL}]_o+n\log[\mathrm{H}^+]_w$$
$$=\log K_{ex}+n\log[\mathrm{HL}]_o+n(\mathrm{pH})=\log K_{ex}+n\{\log[\mathrm{HL}]_o+\mathrm{pH}\}$$

すなわち，分配比Dの対数（$\log D$）が，pHに対して線形の1次式になり，金属イオンの価数によって，その傾きが変化していることがわかる．分配比の対数が有機相中のキレート剤の濃度および溶液のpHに依存するとともに，その傾きが有機相に抽出される化学種の金属イオンとキレート剤との比となることを示している．これを利用して，数種類の金属イオンを含む試料溶液から適切なキレート剤とそのときの溶液pH状態を調整することで，分析目的となる元素のみ，特に価数状態が異なる金属イオンにおいて，効果的に分離分析することが可能となる．

溶媒抽出法による分析目的とする放射性同位体の金属イオンを有機相へ抽出されやすくするためには

- 代表的なキレート剤（HDEHP：2-エチルヘキシルリン酸，TBP：トリ-n-ブチルリン酸など）を適切なpH条件と温度状況下で使用する．これにより試料溶液中の複数金属イオンを系統的な分離分析を行うことができる．
- 誘電率の高い有機溶媒と溶媒和（水の場合は，水和と呼ぶ）させて抽出させる．誘電率の高い，すなわち極性に伴う分極作用により金属イオンの周囲を覆い被し捕捉する，すなわち，それを溶媒和といい，その作用によって有機相へ移行させる．
- 金属イオンと反対電荷をもつ大きなイオンを結合させて抽出させる．

などがある.

溶媒抽出法では，溶媒和もしくは水和に伴う極性作用の大きさ，または誘電率の大きさが重要になる．これらについて，水に関する極性作用を水の電子状態計算による結果で図 3.7 と，表 3.2 に代表的な溶媒の誘電率を示す．水の電子状態を計算できる **DV-Xα 分子軌道計算**[12] による，水分子の酸素原子側へ大きく分極しており，すなわち電気陰性度が強く，これが水の極性や誘電率に起因している．水の誘電率は表 3.2 からもわかるように突出して高く，図 3.7 の電子状態構造（2px と 2pz の電子軌道）が，水相と有機相を強く隔て，液液相分離を生み出す溶媒抽出法の分離特性に強く関係していることがわかる.

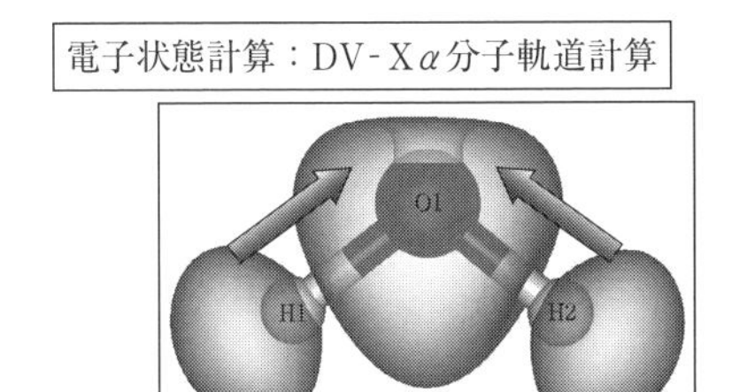

結合性軌道：水素の 1s 軌道と
酸素の 2pz 軌道の融合

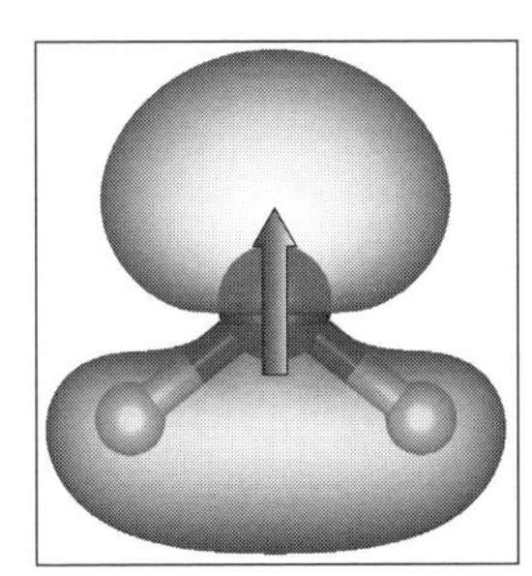

結合性軌道：水素の 1s 軌道と
酸素の 2px 軌道の融合

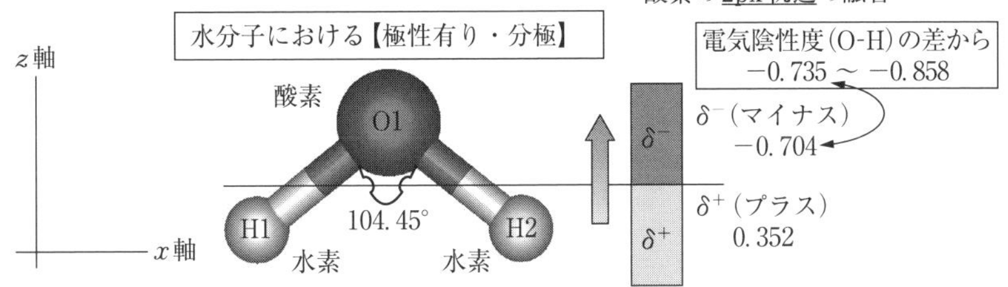

図 3.7 最新の電子状態軌道計算 DV-Xα[12] による水分子の電子状態とその極性状態

表 3.2 主な溶媒の誘電率[13]

溶媒抽出法で利用される主な溶媒（水相 or 有機相）	誘電率
水（水相）	78.54
ベンゼン（有機相）	2.3
ジエチルエーテル（有機相）	4.3
シクロヘキサン（有機相）	1.9
メチルアルコール（水相）	33.64

溶媒抽出法は微少量の体系でも分離でき，液液分離反応なので反応速度も比較的速い．現状，有機化学の高度進展に伴い，多くの有機溶媒種類が存在しているので，分析目的に合わせて有機溶媒を選ぶことができ，医療・製薬だけでなく，工業的な利用でも溶媒抽出法の選択性は優れている．近年，放射化学分析における放射性同位体を含む金属イオン分離法にこの溶媒抽出特性を組み合わせた抽出クロマトグラフィ樹脂の開発[14]とその利用が盛んに行われている．クロマトグラフィの利便性を活かして，溶媒抽出法の選択性と汎用性を併せ持つ多くの有機溶媒系を組み合わせることで確立されている機能をクロマトグラフィ樹脂に加工して多分野で利用されている．従来法である昇華，再結晶，共沈法，液液の溶媒抽出法やイオン交換に比べて，迅速な分離法が可能で，高純度かつ安全な物質を利用し，また廃液量も少なくて済むといったさまざまな利点がある．この溶媒抽出法の応用である「抽出クロマトグラフィ樹脂」の最新研究報告では，2011年の福島第一原子力発電所の事故で，環境中に放出された放射性物質のうちベータ線放出核種であるSr-90の定量分析において，アイクロム社製の抽出クロマトグラフィ樹脂Srレジンが使用され高効率かつ迅速に分離分析ができ，この抽出性能を活用してさまざまな分析装置や分析手法に組み込まれている．このSrレジンとは，有機溶媒ベースに4′，4″（5″）-ジ-第三級ブチルジシクロヘキサノ-18-クラウン-6（クラウンエーテル）が不活性のクロマトグラフィ支持体に充填されており，選択的にストロンチウム元素を抽出分離することができる．溶媒抽出法の現在は，迅速かつ選択的な分離精製ができる「溶媒抽出クロマトグラフィ樹脂」へと発展的な応用研究が進み，核医学分野についても，この手法による放射性薬剤化合物の選択分離・精製技術への利用が行われている．

【溶媒抽出法によるラドン由来のタリウム（Tl）分離実験の実習例】

我々を取り巻く自然界には，常時壊変し続けている天然放射性核種群が多数存在している．その中でも ^{232}Th（トリウム系列 4n，$T_{1/2}$＝1.405×1010年）があり，その逐次壊変連鎖していく途中で，希ガスのラドンである ^{220}Rn（トロン）を経由する．さらに，この壊変系列が続くとラドンの子孫核種である ^{208}Tl（$T_{1/2}$＝3.053分，主なガンマ線エネルギー：2614.511 keV）を生成する．この ^{208}Tl は，ラドン子孫核種群の中でも非常に高いエネルギーのガンマ

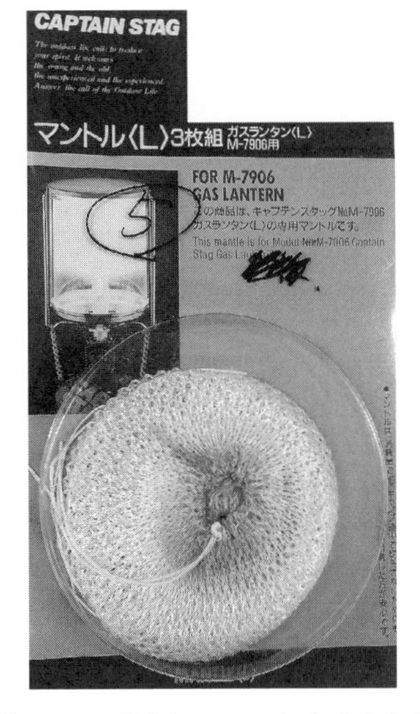

図 3.8 自然放射能源に使用される酸化トリウム（IV）を含有するランタンマントル（キャンプ道具）：最近では代替品となり，入手が困難となっている．

線を放出するので，一般公衆の日常生活で受ける自然放射線由来の個人被ばく線量評価に関して，注意しなければならない核種の一つである．私たちの身のまわりにある比較的容易に入手することができる自然放射能線源に，キャンプ道具で利用されているランタンマントル（図 3.8）がある．

酸化トリウム（IV）$^{232}ThO_2$ を含むランタンマントルから，壊変生成物である ^{220}Rn（トロン）ガスが絶えず発生している．この自然放射能線源を用いて，壊変生成物の ^{208}Tl を溶媒抽出法により化学分離する．ちなみに，このとき分離される ^{208}Tl は極微量で無担体状態である．溶媒抽出法により分離した ^{208}Tl を，GM（ガイガー・ミュラー）計数管を用いて測定し，その測定値の時間経過観察から半減期と求め，これら一連の化学操作を通して，非密封放射性同位体の取扱い方法を習得する．

a．【準備】ビーカー，分液ロート，1000 μL 用マイクロピペット，小型の分液ロート，分液ロート台，GM 計測測定用試料皿，超音波洗浄器，赤外ランプもしくはホットプレート，GM 計数測定装置，1M 塩酸，6M

塩酸，キャンプ用ランタンマントル，デシケーター，2 cm 角程度のビニール片，ピンセット，エチルエーテル

b. 【溶媒抽出法によるトレーサ量の自然放射性核種 Pb や Bi からの壊変生成核種 ^{208}Tl の無担体分離】以下のような手順項目に従って，溶媒抽出法による親核種 ^{212}Pb や ^{212}Bi から娘核種である ^{208}Tl を化学分離，抽出して半減期測定を行う．

1. ランタンマントルを封入しているデシケーター内に吊るしてある 2 cm 角ビニール片を取り出して，ビーカーに入れる．(このビニール片の静電気作用により ^{220}Rn のトロンガスが壊変し，^{212}Pb や ^{212}Bi，さらにそれらが壊変した ^{208}Tlが付着する．)
2. このビーカーに 1M HCl 10 mL を加える．
3. 超音波洗浄器内に倒さないよう置き，約5分程度かけて洗浄する．
4. その後，超音波洗浄器からビーカーを取り出して，ピンセットを用いてビーカー内のそのビニール片を取り出す．
5. このビーカーを赤外ランプの下もしくはホットプレート上に置き，突沸しないようにゆっくりと蒸発乾固する．
6. 蒸発乾固の間に，小型の分液ロートに 5 mL のエチルエーテルと 5 mL の 6M 塩酸を加えて，前項で解説した分液ロート操作に従って振盪させて，溶媒抽出分離操作の前段階を行う．このとき，上層（有機相）にエチルエーテル，下層（水相）に塩酸，と相分離状態が現れる．この前段階により，塩酸で飽和されたエチルエーテル層ができる．なお，分液ロート操作後の静置には，分液ロート台という専用台を使用する．
7. 前述の蒸発乾固後，ビーカーを加熱から外し，冷却後，そのビーカーに 1 mL 6M HCl を加える．(ビーカー底面に，^{212}Pb，^{212}Bi，^{208}Tlなどの壊変生成物がその蒸発乾固後に付着しているので，それを洗い流すような感じで，6M 塩酸溶液を加える．)
8. 前段階で準備しておいた分液ロートの下層である塩酸を別途のビーカーで受けた後，その分液ロート内には塩酸で飽和させたエチルエーテルの有機相のみとなる．
9. この分液ロートに，蒸発乾固後のビーカーを 6M 塩酸で洗い出した溶液

全量を注ぐ.

10. この分液ロートを振盪させて，タリウム（Tl）成分のみを有機相であるエチルエーテル層へ溶媒抽出分離を行う.
11. その振盪後，その分液ロートを静置させた後，エチルエーテル層（上層）と塩酸層（下層）に分かれるのを待つ．この時の時刻を記録しておく.（これ以降の操作は，すばやくかつ正確に行う．なぜなら，エチルエーテル層に抽出分離された ^{208}Tl は，この時点から約 3 分の半減期で減衰していく.）
12. 液液抽出の下層（水相）の塩酸を分液ロート下部のコックを開き，別のビーカーに受けた後，いったんコックを閉めて，エチルエーテル有機相を改めて別の新しいビーカーで受ける.
13. このビーカーの溶液からマイクロピペットで適量の 1 mL を分取し，GM 計数測定用試料皿に排出する．このとき，こぼさないように，赤外ランプ下もしくはホットプレートに移動させて，エチルエーテル溶液を揮発させる.
14. 直ちに，エチルエーテル溶液は揮発するので，揮発後の試料皿を GM 計数管の試料台にのせて ^{208}Tl からのベータ線を放射線計測する．その際，測定開始時刻とその後の毎 30 秒ごと，GM 計数測定装置に表示される測定カウント値を記録する.
15. この測定がバックグラウンド計数値レベルと同等になるまで測定を継続し，測定結果を片対数方眼紙に横軸を測定時刻，縦軸にそのときの測定カウント値をプロットする.
16. このプロット図から回帰曲線を外挿させて，そのグラフから ^{208}Tl の半減期を求める．今回，実験で得られた半減期と文献値を比較して実験考察しレポートをまとめる.

3.4 クロマトグラフィの種類と原理

さらなる高品位かつ高精度な分離要求に応え，さらにトレーサ量の放射性同位体を高効率で分離するためには，溶媒抽出の抽出方式を単数回もしくは数回程度ではその要求を満たすことができず，多数回による抽出分離を行うことが必要となる．この必要性のために，多数回の抽出操作を行えばよいと考えられるが，実質的には溶媒抽出のような操作を何回も複数回を持続的に無限回を行うことは不可能に近い．そこで，「クロマトグラフィ」[15] と呼ばれる手法，すなわち理論的には無限回の抽出分離を行うことと，ほぼ同等である分離手法が開発された．クロマトグラフィの最も基本的な構成は，移動相と固定相に二相構造をとる．今，分離目的とする溶質 A と B（放射性同位体）を含む溶液が移動相となり，固定相には A と B に対してその親和力が異なる（この親和力をどのような手段・手法とするかによって，後述するガスクロマトグラフィや液体クロマトグラフィ，などの各種項目に分類される）ことを利用して，移動相とその固定相の接触頻度を増やしていくことが分離性能に最も関係するところである．既述説明してきた液液相分離の分液ロートによる溶媒抽出法と比較すると，分液ロート操作における振盪繰り返しは，分離目的とする溶質を含む水相と，その水相とは混ざらない有機溶媒の有機相との接触回数を増やすために行うことと関係しているが，その接触回数に伴い有機相への溶質が抽出され平衡されていくに従い，抽出能力は落ちていく．そこで，分液ロートによる溶媒抽出法では，1 回目の抽出操作を終えた後，下層の水相を別の新しい分液ロートに取り出し，再度，新しい有機溶媒を添加し，1 回目では抽出できなかった溶質を，2 回目の新しい有機溶媒における平衡初期状態からの抽出開始となるので，先ほどと同じように抽出分離が進む．しかし，このような繰り返しの操作は非常に煩雑すぎて効率が悪い．溶媒抽出操作を何度も何度も繰り返し行っていく無限回操作が，まさに**クロマトグラフィ**である．

クロマトグラフィは，溶媒抽出法の無限回操作を**向流分配**の形式で再現している．図 3.9 を使って解説すると，この向流分配とは，上層と下層が向かい合う方向から移動し，互いに接触しながら反対方向へ移動する仕組みを表している．この向流分配をもとに，下層だけを固定する（固定相），上層にある系だけが移動していく相つまり移動相としたとき，固定相と移動相の系から構成されているものを，一般的にクロマトグラフィと呼ばれる．

ここで簡単にクロマトグラフィの語源は，1905 年にロシアの植物学 Mikhail Tswett[15] が，沈降性炭酸カルシウムのガラス管に詰め，これに石油エーテル

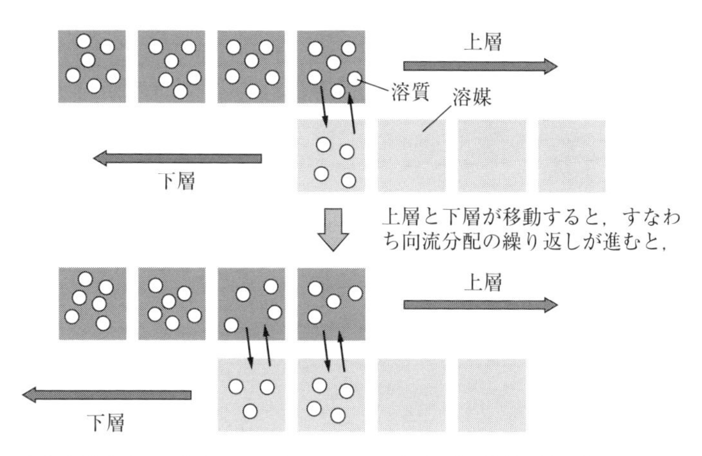

図 3.9　向流分配をもとにしたクロマトグラフィの概念（溶媒抽出法の無限回操作と同じ）

中の植物色素を分離した際に，緑色や黄色の分別着色帯ができ，それを「クロマトグラム」と表現した．この語源には，colorwriting の意味が含まれており，その発音から現在のクロマトグラフィ chromatography と呼ばれるようになった．この語源からも初期のクロマトグラフィが，色を区別することに端を発しているが，現在では向流分配を基本原理として，主には固定相（固体である場合が多い）と移動相（液体もしくは気体の場合が多い）に対する試料成分同士の相互作用（分配率，物理・化学吸着性，浸透性，イオン交換性，溶媒抽出のような抽出性など）の差異を利用した分離手法全般をクロマトグラフィで括られている．クロマトグラフィの現在の主体形式は，移動相が**液体**で固定相が固体の液体クロマトグラフィ（Liquid-Solid Chromatography：LSC），移動相が**気体**で固定相が固体のガスクロマトグラフィ（Gas-Solid Chromatography：GSC）となっている．クロマトグラフィで得られる結果は「クロマトグラム」と呼び，図 3.10 にそのクロマトグラムの基本図形と，分離性能に係わるピーク形状について示した．

図の横軸は，保持時間 x といい，縦軸はその時間ごとのクロマトグラフィの検出器部から得られる電気信号，すなわち試料成分が順次，分析カラムでクロマトグラフィ現象により分離され，成分ごとに検出器部に到達したことを意味している．ここでクロマトグラフィの分離性能指標となる「**理論段数**」を解

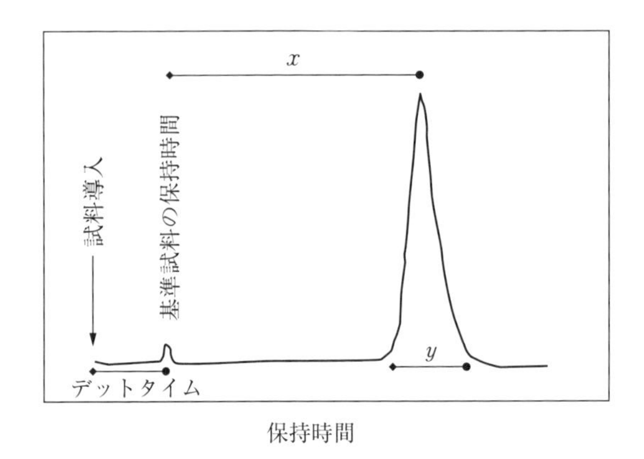

図 3.10　クロマトグラフィで得られる基本的なクロマトグラム

説すると，図 3.10 で見られるピーク形状は，試料成分を含む移動相と固定相との接触回数，すなわち溶媒抽出法の無限回操作に伴う向流分配の回数と関連している[15]．この向流分配の回数が短時間内に素早く繰り返し行われば，ピーク形状の幅 y が小さくなる．そうすると，以下の式に示した理論段数 N と，保持時間 x と，ピーク幅 y との関係式が成立している．

$$N = 16\left(\frac{x}{y}\right)^2$$

ここで導き出される式は，理論段数の段理論（向流分配の各回抽出分配からの仮定から導き出される理論）[15] から導き出され，16 はその理論から導出される比例定数である（ここでは詳細な段理論は省略する）．この式からもクロマトグラフィの分離性能指標では，この理論段数 N が大きければ大きいほど，似たような保持時間で検出される成分を分離することができる（分離性能が高いという）．今日，クロマトグラフィの形式は多岐に渡って種類が豊富であるが，装置自体は簡単で高価ではないので，汎用性が高い．通常のビーズ（球状）樹脂を充填したカラム形状のものから，近年，細孔表面にグラファイト鎖（高分子基材）を付与した「多孔性膜管」も出回り，数種類の化学種（元素）やトレーサ量の放射性核種を一つもしくは2つのカラムを連結させた単一系で，迅速かつ一括に系統的に分離するなど，クロマトグラフィ分析の高度化が急速に進歩している．このような複数の化学種を含む混合物の迅速クロマトグラフィ分離は，核医学分野も含めてあらゆる分野で，他の手法の追随を許さない優れた手法である．放射線分野におけるクロマトグラフィの応用では，各クロマトグラフィ手法の検出器部において，放射性物質を含む試料のクロマトグラフィ分離後，放射線の特性を活かして検出部に放射線測定器を配置することができる．これにより，後述する各種類のクロマトグラフィ手法の検出器部に放射線測定という新たな枠組みが拡がり，更なる高感度化が期待されている．このような手法の全般をラジオクロマトグラフィと呼び，たとえば，ガスクロマトグラフィ装置における検出部に放射線検出器を搭載するガスクロを，「ラジオガスクロマトグラフィ」といい，1960 年代から研究開発が進められている．

3.4.1　ガスクロマトグラフィ

図 3.11 に，ガスクロマトグラフィの概略図を示す．ガスクロマトグラフィは，細管内（内径 2〜6 mm 程度のパックドカラムタイプや内径 0.5 mm 以下のキャピラリーカラムなどがある）の移動相に通常，ヘリウムガス，窒素，アルゴンガスなどの不活性ガスや水素などが用いられ，分析試料導入時に係わら

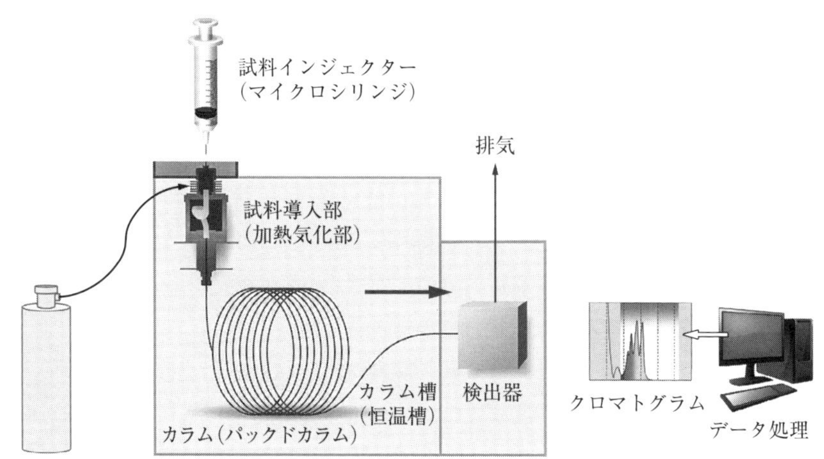

図 3.11　一般的なガスクロマトグラフィの装置構成図

ず常時流れている．このガスを**キャリヤガス**という．パックドカラム（充填カラム）には，200 μm 弱程度の目開きの状態で固定相物質がコーティングされた担体（粒状）のメチルシリコン類が充填されており，キャピラリーカラムでは，ガラス表面などをエッチングやリーチングし表面積を増強させ，そこにシラノール基（シリコン類）をマスクして，固定相物質をコーティングしたウォールコーティッドカラムになる．充填用カラム容器には，ステンレス，アルミニウム，ガラス，フューズド・シリカが用いられ，約300℃程度の均一に加熱したオーブン内に設置され，常時キャリヤガスを通気させておくことが必要で，けっしてキャリヤガスを流さずに加熱することのないように注意が必要である．分析試料には，気体や温度上昇で気化しやすい液体試料（揮発性）が適している．試料注入の際には，10 μL 程度のマイクロシリンジが一般に用いられ，微少量の試料で分析可能であることが特長である．キャリヤガスによって移送された試料は，固定相成分が充填されている細管（前述のカラム類）を移動する際に，試料成分と固定相成分との相互作用（吸着および分配）の違いによって，相互作用の強い成分はカラム内を遅延して，逆に相互作用の弱い成分は迅速に移送され，この移送差すなわちクロマトグラフィ現象となって分離が進行する．検出器には，汎用性の高い熱伝導型（TCD），水素炎イオン型（FID 型），ハロゲン化合物の分析に適した電子捕獲型（ECD 型）等があり，放射線計測分野で特長的な「ラジオガスクロマトグラフィ」では，検出部に気体電離型検出器の GM 計数管，比例計数管，電離箱があり，シンチレーション検出器利用のもので，NaI（Tl）やアントラセン結晶充填セル，プラスチックシンチレータ，液体シンチレーションが考案され開発されている．図3.12は，NaI（Tl）シンチレーションを検出器にもつラジオガスクロマトグラフィの一例で，検出面の NaI（Tl）結晶の上で渦巻き状のガラス管を配置して放射性同位体を含む試料ガスを分析している．

ガスクロマトグラフィは，測定時の試料が気化状態もしくはガス状なので粘性が低く，液体試料でそのままカラムに導入するときとは異なり，分子運動が活性であることから，以下のような利点がある．

- 分離の迅速性：放射性同位体の取扱いにおいて，分離分析を行う際には，半減期の兼ね合いもあり迅速性が要求される．固定相と移動相との間で分

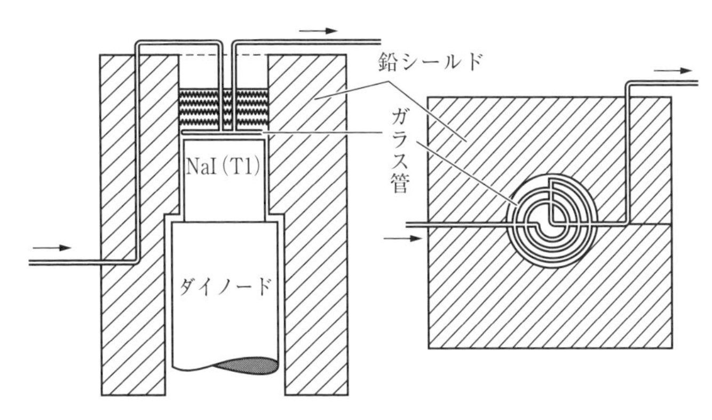

図 3.12　ラジオガスクロマトグラフィで使用される NaI（Tl）シンチレーション検出器の構造（ガンマ線用フローモニター）.
「内山充，総説：ラジオガスクロマトグラフィ，RADIOISOTOPES 19（11），551-563（1970）」より，図 19 を引用転載[16].

析試料成分の分配や吸着平衡が非常に速く得られる．またキャリヤガスのスピードを制御することでさらに大きな流速が用いられることから，分析に要する時間を著しく短縮することができる．

- 高分解能：ガスクロマトグラフィの理論段数は，他のクロマトグラフィの中でも最高であり，他の手法で分離困難な場合であったりしても，近接した沸点をもった化合物や種々の光学異性体を分離することが可能である．
- 高感度：気相中の微量成分の検出には，各種の高感度検出器と組み合わせることで，すべての機器分析手法と比較しても，ppm（百万分の一レベル），ppb（10 億万分の一）といった低濃度領域でも定量可能である．
- 多様性：ガスクロマトグラフィの分離カラムの作用温度（−80〜400℃）での一定の蒸気圧をもつ多くの気体，液体および固体試料の混合系における分離，定性，定量分析に広く適用できる．またさまざまな固定相を目的分析試料の分離に合わせることで，選択的な分離が可能である．

このようなガスクロマトグラフィの利点があるが，唯一，欠点としてあげられるは，揮発性を有する相当の蒸気圧を有する試料のみしか測定できない，すなわち不揮発性物質の分析には不向きで，また，分析試料に大きな分子量や強い極性をもつもの，熱的に不安定な（気化させるときに分解してしまうような脆弱な不安定な化合物）ものについては，ガスクロマトグラフィ分析に供する

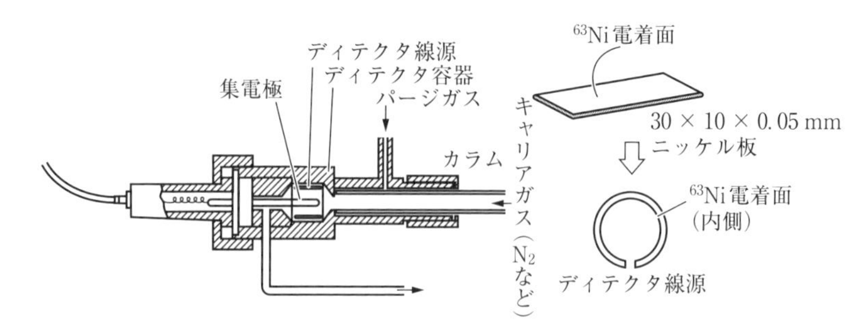

図 3.13　ECD ガスクロマトグラフィの検出部構成図[17].
（文献 17）の p.157，図 5.3 より）

ことができない．

ここでは，放射線安全管理学に関連する密封放射能線源を有する ECD（エレクトロン・キャプチャ・ディテクタ）ガスクロマトグラフィについて触れる．ガスクロマトグラフィの検出部の一つにあげられ，特定の検出目的物質，ハロゲン化合物の検出において高い分析能力を有している．図 3.13 に，ECD ガスクロマトグラフィの構成図を示す．

窒素等のキャリヤガスは，β 線を発する放射性物質の ^{63}Ni（半減期：100.1 年，β^- 壊変，ベータ線の最大エネルギー：0.0669 MeV）を使用する検出器に導入されるとイオン化され，弱い印加電位をかけることにより，一定の電流が流れる．ここに，ハロゲンなどの求電子性物質を含む有機化合物や有機金属化合物が導入されると，電子を捕獲して負イオンとなり移動速度が遅くなり，電極間にキャリヤガスのみである状態の電流値が減少する．この減少量を測定することで，求電子性物質を選択的に検出できる．炭化水素類は，ECD ガスクロマトグラフィにほとんど応答しないが，ハロゲン，リン，ニトロ基などを含む化合物を高感度に検出することができる．その検出レベルは，10～9 g 以下の検出感度を有していることから，水道水中のトリハロメタンや土壌，廃棄物中の微量揮発性有機化合物（VOC）分析や医療材料中の残留成分の分析などに力を発揮する．ベータ線源に利用される ^{63}Ni は，その放射能が 370 MBq 程度であるので，放射性同位元素装備機器扱いとなることから，ECD ガスクロマトグラフィ自体が貯蔵容器と見なされるので，本体にも放射性を示す標識

(貯蔵箱：許可なくして触れること禁ず）を施さなければならない．

3.4.2 液体クロマトグラフィ（高速液体クロマトグラフィ）

現在，液体クロマトグラフィの代表的なものは，**高速液体クロマトグラフィ**（High Performance Liquid Chromatography：**HPLC**）であり，基本原理である液液抽出法をベースにしたクロマトグラフィ法である．試料は，分離目的とする溶質を含む溶液状態であり，ポンプを使用してカラム内に充填された固定相に向流分配形式のクロマトグラフィ現象により，移動相となる溶離液と固定相間での液液抽出の拡散平衡に伴うクロマトグラフィによって分離分析が行われる．液液クロマトグラフィの歴史は，ガスクロマトグラフィよりも早かったが，分離の迅速性に関して気液平衡で進むガスクロマトグラフィの方が，試料の粘性に伴う拡散スピードが遅い液液間での相互作用，すなわち拡散平衡に達するまでの時間が遅く，分離性能の本質に劣るため，その開発が遅れていた．しかしながら，高速液体クロマトグラフィ HPLC の誕生で，それまでの液液抽出である液体クロマトグラフィの移動相の高速化のために取られた手段で，固定相の粒子径を可能な限り小さくし，また完全な球状とし粒度を揃えることにあった．このようにしてカラムの固定相形状を調整することにより，固定相や移動相中での試料成分の平衡が，非常に狭い体積範囲で起こり，拡散平衡がすばやく完成する．しかし，このような微粒状固定相を採用すると，溶離液である移動相を流す際，カラムでの流れ抵抗が増し，その流速を大きくするために，高圧での移動相を**圧送**する必要性が生じた．そこで，高速液体クロマトグラフィの装置で重要な装備である高性能なポンプ開発が進み，液体クロマトグラフィの発展に大きく貢献した．このポンプによる一般的な流速は，毎分数から数百 μL 程度である．

図 3.14 に，高速液体クロマトグラフィの装置構成を示す．現在では，「液体クロマトグラフィ」といえば，「高速液体クロマトグラフィ」すなわち，HPLC のことを指す．この高速液体クロマトグラフィのカラム管内（内径が 3.9～4.6 mm 程度管で，耐圧性を維持するために一般にステンレス材からなる）には充填剤が詰められており，その形状は一般的に分析用には球状の担体（基材）と固定相からできており，大きさは 2～50 μm で，全多孔性と表面多

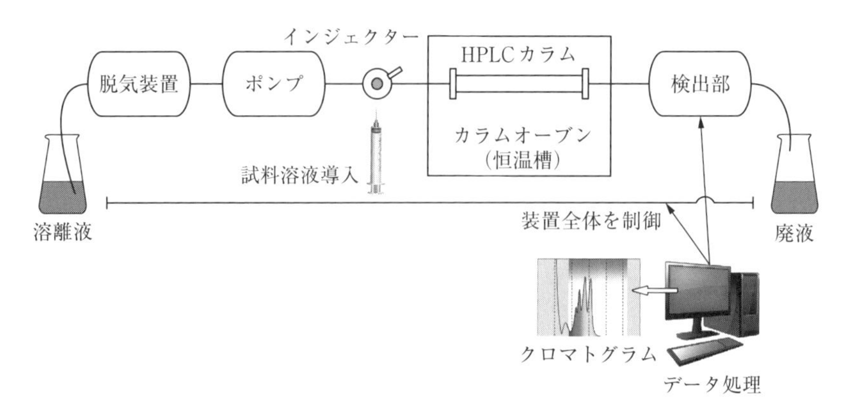

図3.14　高速液体クロマトグラフィの装置構成図

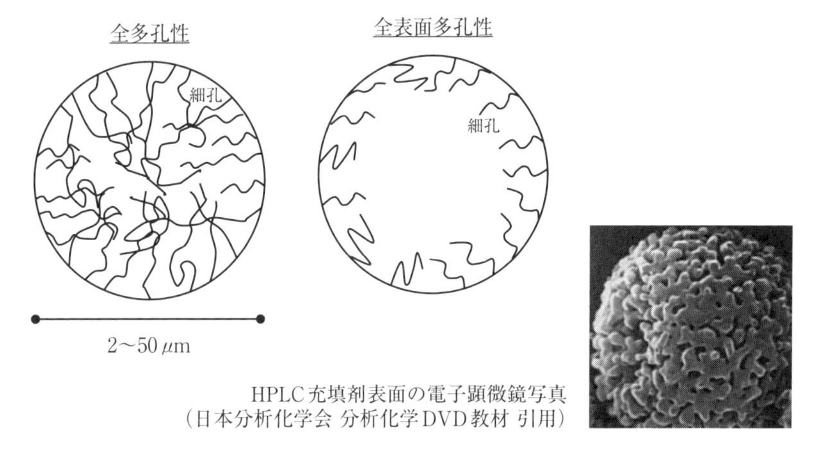

図3.15　HPLCカラムの充填剤の球状構造の模式図とその電子顕微鏡写真

孔性がある．その細孔経については，5～100 nm程度である（図3.15）．

溶質を保持するための固定相と溶質を移動させる溶離液の移動相で液液クロマトグラフィ分離が行われる．一般的な高速液体クロマトグラフィの種類は，以下に分類される[15]．

- 吸着クロマトグラフィ（図3.16の左図）：移動相が液体で固定相が固体の「液固平衡」が主流になる．溶離液である移動相中の溶質に対する分離現象は，固定相物質と溶質間における吸着力の差によって生じる．固定相には，アルミナ（Al_2O_3）やポリスチレン系多孔性ポリマーなど，移動相に

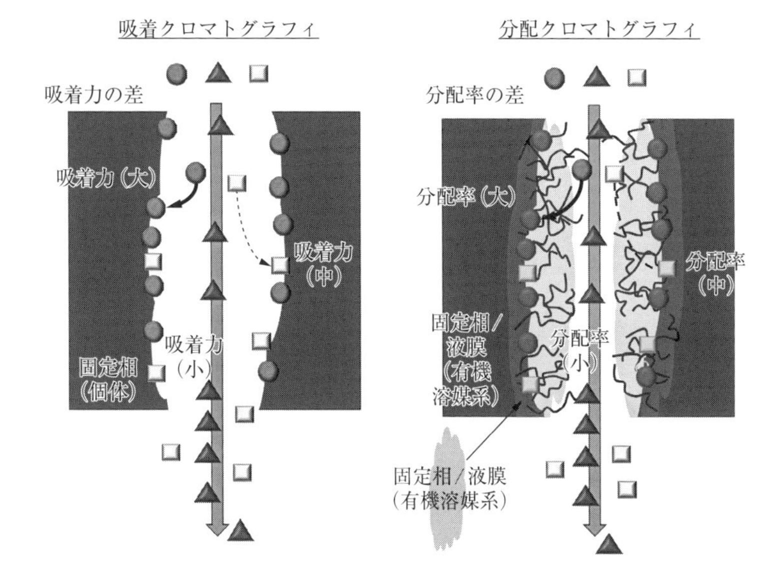

図 3.16　吸着クロマトグラフィと分配クロマトグラフィの概念図

は，水やアルコール類の極性溶媒から芳香族炭化水素などの有機溶媒が用いられる．固定相と移動相の組合せによって，非常に多くの成分相互分離が可能である．

- 分配クロマトグラフィ（図 3.16 の右図）：固定相に液体を用いる場合は，固定相と移動相への溶質の分配差で分離が行われる．（液液平衡）ペーパークロマトグラフィはこの分配クロマトグラフィの基本であり，その原理はろ紙を液膜（有機溶媒系）の担体とし，水と混合しない有機溶媒を移動相となって，その中の溶質である分離目的物質を水－有機溶媒系の液液分配クロマトグラフィで分離する方法である．分配クロマトグラフィは液液平衡が基本であるので，移動相と固定相間の相対的な極性の強弱によって以下に分類される．
  - 固定相の極性が大きい ＞ 移動相の極性が小さいときは，順相分配クロマトグラフィと呼び，移動相溶媒にはヘキサン，酢酸エチル，イソプロピルアルコール，エタノールなどが用いられる．この時の移動相溶媒には，ヘキサン，酢酸エチル，イソプロピルアルコール，エタノールが使用される．

- 固定相の極性が小さい < 移動相の極性が大きい時は，逆相分配クロマトグラフィと呼び，その応用範囲の広さから現在，最も汎用性が高く，高速液体クロマトグラフィといえば，逆相分配クロマトグラフィのことを一般的に指すことが多い．このときの移動相溶媒には，アセトニトリル，メタノール，テトラヒドロフランが一般的に使用される．カラム材には，多くの試料分析に利用される ODS カラムがある．シリカゲルの基材にオクタデシルシリル基が置換されている．

- イオン交換クロマトグラフィ：移動相中の溶質イオンの陽もしくは陰イオン状態と固定相の担体（基材）表面にコーティングされている陰もしくは陽イオン交換樹脂状態間での静電相互作用（クーロン力）の差によって分離される．溶質の電解質状態における種類や pH，イオン強度，錯体生成などの変化により，主に元素分離（群分離）に利用される．放射性同位体の元素分離などは，このイオン交換クロマトグラフィに該当する．
- サイズ排除クロマトグラフィ：別名で「ゲルクロマトグラフィ」とも呼ばれる．溶質分子の大きさの大小によって分離することが特徴で，網目構造をもつ固定相に溶質分子が流れる際，大きな分子はその網目構造を通過することができないので，そのカラム内を早く流出して，逆に小さな分子はその網目構造中へ拡散されやすく，そのため遅れて流出してくる．このような効果を「分子ふるい効果」といって，この効果によりクロマトグラフィ分離が行われる．固定相には，不活性な多孔性充填剤，シリカゲル，ポリビニールアルコール，ポリスチレンが用いられる．

高速液体クロマトグラフィ装置おけるカラムクロマトグラフィ分離の後，クロマトグラムを得るための検出器部には，以下のようものがある．なお，この一覧順は，利用頻度の高い順に並べている．どの検出器もフローセル方式，すなわちクロマトグラフィ分離後，各成分ごとにカラムから溶出してくる溶液が検出部付近のセル内へある程度の時間内に留置され，その状況下でさまざまな定性定量分析が行われる．

- 紫外可視吸光高度検出器（UV 検出器）：吸光度測定原理に基づく方式で，応用範囲が広く，比較的高感度な測定ができる．最も利用頻度が高い検出器方式となる．単波長型と多波長型がある．多波長での吸光度測定により幅広い測定成分を同時に定性定量分析することができる．

- 蛍光検出器：試料成分への外部からの光によりその蛍光量から定量分析を行うもので，試料成分中の目的物質への定量選択性が高く，高感度で，試料成分の特異的な検出が可能である．
- 質量分析計：分離した試料成分をイオン源内でその成分（高分子化合物など）を破壊することなくソフトイオン化させ高分子量状態で，またもしくは完全な破壊により強力にイオン化させることで高分子有機金属化合物などの金属成分を検出目標として，四重極や八重極のマスフィルターによって，超高感度質量分析する．この質量分析計を組み合わせたHPLC-MSは，現在，創薬開発など最も信頼性が高く，発展が目覚ましい検出方式の一つある．しかしながら，質量分析計に必要な高真空システム装置が大掛かりで高価が短所である．
- 電気化学検出器：物質の電気化学的，すなわちイオン化傾向などの違いから検出を行う方式である．
- 示差屈折率検出器：測定試料成分と参照成分（溶媒成分）にそれぞれ光を入射させて，それぞれの光の屈折率の差から測定対象成分の定量を行う方式である．一般に感度が低いが，さまざまな試料について測定が可能なので汎用性が高い．
- 化学発光検出器：クロマトグラフィ分離された溶離液に対して，化学反応による発色すなわち物質励起を生じさせて，その発光量から定量を行うので，微量成分の高感度な測定が可能である．
- 旋光度検出器：旋光度すなわち光学活性（光学異性体を有する物質：左旋光性のL体と右旋光性のD体の識別）の試料成分検出に使用される．糖類などは，一般に光学活性な物質が多いので，クロマトグラフィによる種々の糖類成分に分離した後，旋光度を計測することで定量分析が行われる．医学などでは，糖尿病患者の血中糖度などに利用される．
- 放射線計測検出器：この検出器は，前述する方式と比較すると特殊仕様となり汎用性に劣るが，以前より放射線科学分野ではその有用性が立証されており，潜在的な定量分析能力は高い．放射線検出には，内部固体シンチレーション，外部固体シンチレーション，液体シンチレーションのシンチレーション方式が採用されており，フロースルー型シンチレーション検出器となる．内部固体シンチレーション検出器には，クロマトグラフィ分離後の溶出試料成分を含む溶離液流路内に，CaF_2(Eu)，Y_2SiO_5(Ce) などのガラス系シンチレーション結晶を，外部固体シンチレーション検出器や液体シンチレーション検出器には，NaI（Tl）シンチレーション検出器（2台）もしくはフォトン計数型光電子増倍管（2台）を用いて，両側から流路セルを挟み込んで配置し，コインシデンス測定（同時計数測定）で効率的な放射線測定を行うことができる（図3.17のラジオHPLCクロマトグラフィがある）．

さらに，上述の複数の検出器を直列に組み合わせる高速液体クロマトグラフィ（HPLC）は，有機や無機，放射性物質などの分析試料について，それら複雑な構造式をもつ物質や特殊な化合物など多種類に対応でき，今日では医学や

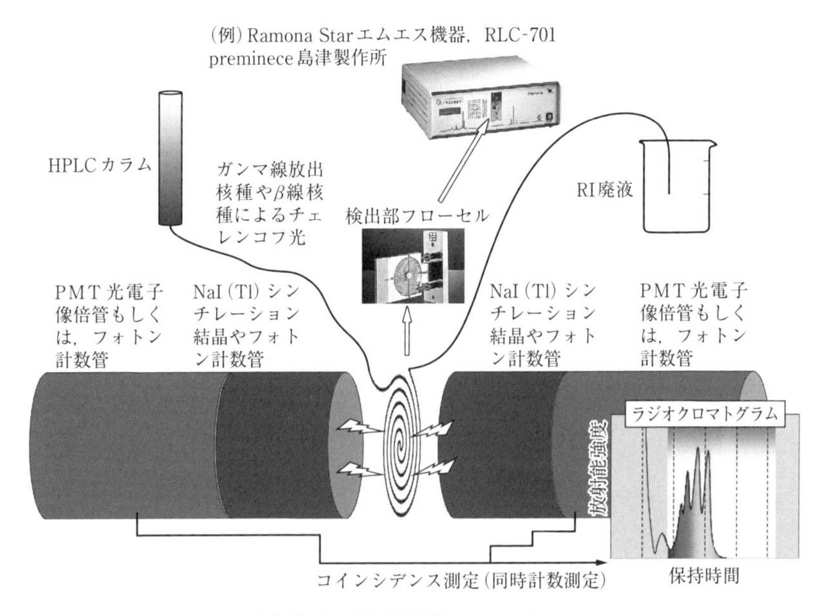

図3.17　HPLCの検出部に放射線計測装置を装備したラジオHPLCクロマトグラフィの一例．現在，エムエス機器のラジオHPLCアナライザーRamona Starや島津製作所のRLC-701preminece などが，販売されている．

食品，創薬など応用分野が著しく広く，今後ますます生命科学では必要不可欠な分析装置であるといえる．

3.4.3　ペーパークロマトグラフィ

放射性医薬品の放射化学的純度検定法の一つとして，「ペーパークロマトグラフィ」がある．この検定法は別名「ろ紙クロマトグラフィ」と呼ばれる．「放射化学的純度」とは，検定対象とする放射性同位体が溶液特性（濃度やpH，温度など）に応じて，いくつかの異なる化学形（化学構造）をその溶液特性中で平衡状態で取るときに，その対象となる化学形の放射性同位体に対する全放射能からの割合をその化学形がもつ放射性同位体の放射化学的純度という．ペーパークロマトグラフィはその分離（展開）後の取扱いの容易さ，すなわちろ紙（ペーパー）を直接的に放射線測定することが可能であるので，放射性同位体を使用しない汎用的なクロマトグラフィと比較し，放射化学的純度検定や放射能分布の二次元イメージングプレート（IP）測定，もしくはろ紙を分画裁断してからオートウェル型 NaI（Tl）シンチレーション測定などによって，各裁断ろ紙の放射能強度と保持時間の関係からクロマトグラムを作成する．図 3.18 は，ペーパークロマトグラフィの使用例と R_f 値の概念について示している．

ペーパークロマトグラフィでは，分析検定の指標で R_f 値を用いる．これは上昇率もしくは移動率（rate of flow）と呼び，展開溶液（展開溶媒）とろ紙が同一条件であれば，分析目的とする化学形においては常に同一の値を指し示すので，放射線計測による放射化学的純度の同定やろ紙上の着色度合いから一般的なクロマトグラムの定性分析に用いることができる．R_f 値は，以下のように定義づけられる．図 3.18 の使用例から

$$R_f\text{値}=\frac{[\text{原点から特定の化学形を有する放射性同位体の放射能強度が確認された距離}]}{[\text{原点から展開溶媒先端が到達した距離}]}$$

となる．放射性医薬品のペーパークロマトグラフィによる検定法の例を示す．ペーパークロマトグラフィ用のろ紙（ADVANTEC 社製 No.51B など．純粋なセルロース繊維が原材料となっている）を用いる．

- ヨウ化ヒト血清アルブミン（^{131}I）注射液：ヨウ化カリウム 0.5 g，ヨウ素

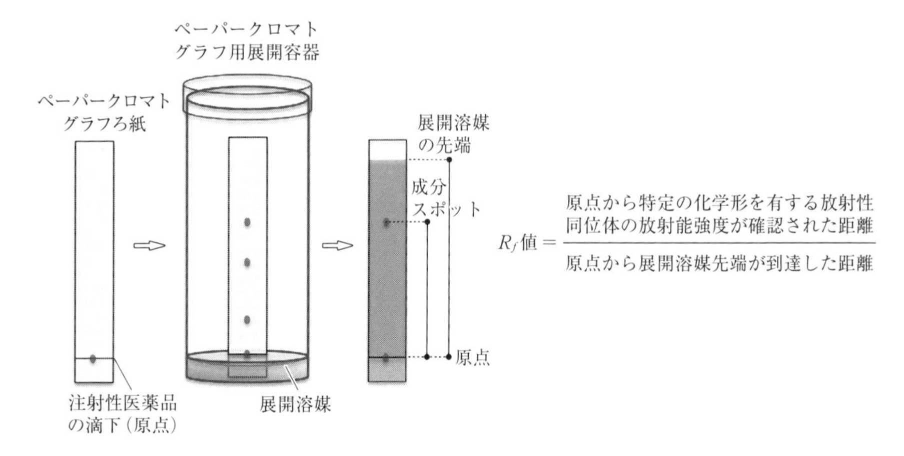

図3.18　ペーパークロマトグラフィの使用例と R_f 値の概念

酸ナトリウム1.0 g，炭酸水素ナトリウム5.0 g，に水を加えて100 mLとした液を担体として，ヨウ化血清アルブミン注射液とともにペーパークロマトグラフィ検定を行う．展開溶媒には，メタノール-水混合液（4：1）で約4時間展開する．ヨウ化ヒト血清アルブミンは，R_f 値＝0で，ヨウ素イオンは，R_f 値＝0.7前後の値を示す．

- ピロリン酸テクネチウム（^{99m}Tc）注射液：メタノール-希アンモニア水（10倍希釈）混合液（17：3）を使って2時間展開すると，ピロリン酸テクネチウム（^{99m}Tc）は原点付近にとどまり，過テクネチウム酸イオン（$^{99m}TcO_4^-$）があれば，R_f 値＝0.56前後の値を示す．

この他にも，ヨウ化ヒプル酸ナトリウム（^{131}I）注射液，クエン酸ガリウム（^{67}Ga），ジエチレントリアミン五酢酸インジウム（^{111}In）注射液，塩化タリウム（^{201}Tl）注射液などの放射性医薬品に，このペーパークロマトグラフィは適用できる．近年，ペーパークロマトグラフィの広範な利用が展開されている[18)]．放射性同位体のRIジェネレータや，放射性同位体製造の簡便かつ迅速な放射化学的純度検定に，ペーパークロマトグラフィが活用されている．その高度利用なペーパークロマトグラフィに，テトラ-n-オクチルジグリコールアミド（DGA）キレート樹脂をベースにしたDGAシート（DGA含浸クロマトグラフィ紙）が開発されており，その高選択性分離能にその分野では高い期待が寄せられている．このDGAシートは，移動相の溶媒展開液を調整させるだけで，^{225}Ac，^{227}Th，^{223}Ra，^{90}Sr，^{90}Y，^{68}Ge，^{68}Ga，^{99}Mo，^{99m}Tc，^{212}Pb，^{213}Biなどの多数の放射性同位体を選択的に分離することができる．このペーパークロマトグラフィには，可変的にDGAの含浸量（1～10%）を調整操作することができ，その量に応じて先の選択的な分離が可能となる．図3.19には，DGAの構造式と^{227}Th，^{225}Ac，^{212}Pb，^{223}Raのペーパークロマトグラフィ分離例とR_f値の関係を紹介する．

このろ紙を，イメージングプレートでの放射能強度二次元分布の読み取りやろ紙裁断による分画での放射線測定器を適用することで，純度検定を行うことが容易にできる．これら放射性同位体は，近年，核医学治療におけるアルファ線内用療法TATの主要なアルファ線放射性同位元素であるので，このDGAシートによるペーパークロマトグラフィは，取扱いの容易さから利用拡大が期待されている．

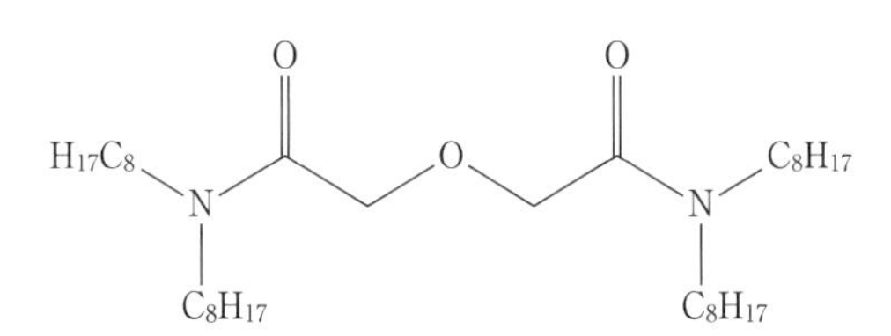

DGA（テトラ-n-オクチルジグリコールアミド）キレートの化学構造式

スタート
展開溶媒先端
DGAシート
^{225}Ac
^{212}Pb
^{227}Th
^{223}Ra

	^{227}Th	^{225}Ac	^{212}Pb	^{223}Ra
R_f値	0	0.2	0.7	0.9

図3.19 DGAキレート剤の化学構造式とDGAシートによるペーパークロマトグラフィのクロマトグラム，そのR_f値

【例題：令和元年度診療放射線技師国家試験・午前・問1】試験・午前・問1】
問1　ペーパークロマトグラフィに関係がないものはどれか.
1. Rf　2. 原点　3. カラム　4. スポット　5. 展開溶媒
(答え3)

3.4.4　薄層クロマトグラフィ

薄層クロマトグラフィの基本原理は，ろ紙クロマトグラフィとほぼ同一である．薄層クロマトグラフィでは，展開液が浸潤する固定相がろ紙ではなく，薄層（板）を用いる．図3.20に，薄層クロマトグラフィ展開層とともに薄層板の使用例および，薄層板の構造模式図を示す．

この図で示している薄層板は，TLC（Thin Layer Chromatography）プレートとも呼ばれる．TLCプレートの薄層を支持する基材には，ガラスやアルミ板，プラスチックが使用され，その片側面に薄層クロマトグラフィの母体となる担体が薄膜状に塗布されて固定されている．耐薬品性の面からガラスの利用頻度が高い．薄層の担体の材質は，分析検定対象とする成分により使い分けられるが，シリカゲル系（炭化水素のオクタデシルC18やオクチルC8のODS，シリカゲル表面に-CN基シアノアルキル基で修飾されたもの，など）で最もよく利用されている．その他に，アルミナ，ポリアミド樹脂，セルロースなどが担体に使用される．ろ紙クロマトグラフィと同様に，溶媒による展開後はTLCプレートをそのまま読み取り装置にセットすることで放射能強度からクロマトグラムを得ることができたら，薄層担体に予め蛍光物質など添加しておくことで，展開溶媒ともに移動する成分が蛍光物質と反応し，その状態で読み取りするときに紫外線を照射して蛍光度合いからクロマトグラムを求めて純度検定する．蛍光物質以外には，発色物質を薄層担体に含ませておき，硫酸やニンヒドリンなどの呈色反応を利用し検定することもある．TLCプレートを裁断することで，各移動位置の蛍光量や放射能強度からR_f値による成分の同定や定量分析を行う．薄層クロマトグラフィの溶媒展開する速さは，一般にろ紙クロマトグラフィのそれと比較して速く，選択的な分離能と再現性についても優れている．短所としては，展開槽からのTLCプレートの取り出しやプ

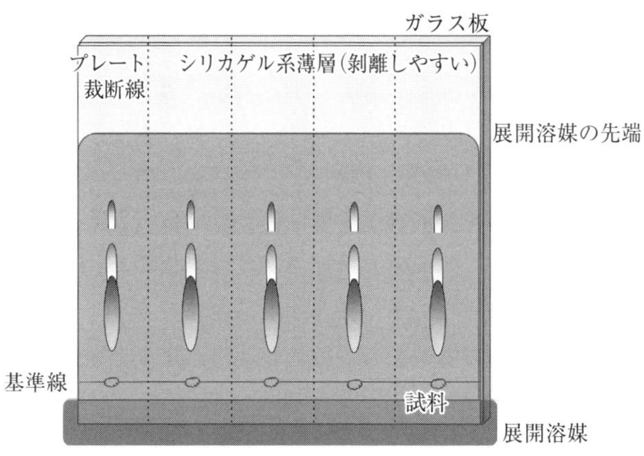

図 3.20 薄層クロマトグラフィの使用例と薄層板の構造模式図

レート裁断のときに，薄層の担体物質が基材より剥がれやすく，剥がれた破片が乾燥し粉状となって空気中を散乱する恐れがあるので，特に，非密封放射性同位体の取扱い時は，ドラフトチャンバーやフュームフードのもとで作業することが適切かつ安全である.

3.4.5 イオン交換クロマトグラフィ

イオン交換樹脂クロマトグラフィの基本となるイオン交換樹脂は，移動相に含まれる溶質成分の電解質と固定相基材の官能基との間の静電相互作用（クーロン力）の差によって，目的成分の分離・精製・濃縮が行われる．現在，放射性医薬品や原子力燃料製造など放射性同位体の分離法では，最も分離能が高い手法であると認識されている．放射性医薬品のような対象となる元素は極微量であるので，各種分析装置への測定段階や不純物除去，精製などに有効的なイオン交換クロマトグラフィが活躍している．さらに，極微量なトレーサ量での取扱いで分離分析が可能であるので，担体を加えなくても十分に分離ができ，無担体分離が可能である．

ここで，イオン交換現象を示す物質がイオン交換体，もしくはイオン交換樹脂に相当する．このイオン交換樹脂には，無機系のものと有機系のものに大別できる．無機系のイオン交換樹脂には，ゼオライト系，泥炭などがある．一方，有機系のイオン交換樹脂には，有機高分子合成樹脂で製造されており，イオン交換樹クロマトグラフィといえば，この有機高分子合成樹脂でできたものを指す．この有機高分子合成樹脂の分類は，その官能基の酸性，塩基性によって大別され，さらに基材（母体）の種類やその合成方法の違いによって生じる特徴などから分離されるのが通例となっている．最も代表的な官能基は，スルホン酸基（$-SO_3H$）やアルキルアンモニア基（$-NR_3X$；R＝ アルキル基，X＝ 陰イオン）等が存在している．スルホン酸基ような H^+ を解離して，試料成分中の要因と交換する官能基をもつものが「陽イオン交換樹脂」である．一方，アルキルアンモニウム基のような，X である陰イオンを交換する官能基をもつものは，「陰イオン交換樹脂」と呼ばれる．

また，官能基が酸性を示すものを陽イオン交換樹脂，官能基が塩基性を呈するものを陰イオン交換樹脂として区別される．図 3.21 は，イオン交換樹脂の種別について詳細に示した系統図である．

陽イオン交換樹脂には，先に示したスルホン酸基の他にカルボン酸基（$-COO-H^+$）やホスホン酸基（$-P(O)(O-H^+)_2$）があり，前者のスルホン酸基は強酸性陽イオン交換樹脂に属し pH＝0～14 の範囲にわたって陽イオン交換能力があり，後者2つは弱酸性陽イオン交換樹脂に分類され，pH が中性域～塩基性の範囲で使用され，工業的にカルボン酸基の弱酸性陽イオン交換樹脂が汎用される．また，陰イオン交換樹脂にも強塩基性陰イオン交換樹脂と弱塩基性陰イオン交換樹脂があり，前者には先ほどのアルキルアンモニウム基で窒素 N にアルキル基が3つの（R_3）第四アルキルアンモニウム基が結合した場合をＩ型と呼び，アルキル基の一つがアルカノール基（たとえば，$-C_2H_4OH$

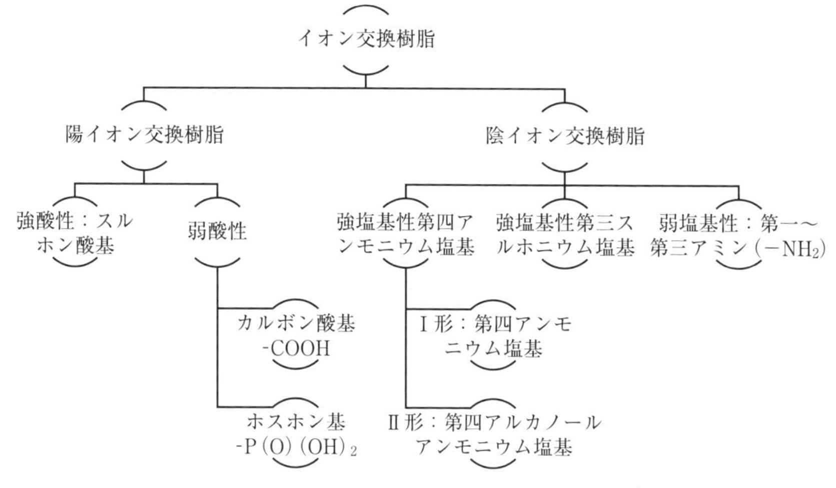

図 3.21 イオン交換樹脂の種別に係わる系統図[19]

など）に変換したものをII型と区別され，pH は 0～14 の全範囲にわたる．後者の弱塩基性イオン交換樹脂には，官能基が第一～第三アミンであって，pH が酸性～中性の範囲で使用される．

これら 4 つの種類に分けられるイオン交換樹脂の官能基は，それらを構成する球形（一般的なもので，約 0.5 mm 程度）の高分子基材（母体）に結合しており，合成方法の違いによって，その高分子基材の幾何学的構造は，ゲル形（全多孔型）や拡大網目ゲル形（ポーラス形），MR 形（マクロポーラス形）などある．図 3.22 に，イオン交換樹脂の球形高分子剤の幾何学的な構造模式図を表す[15]．

高分子母体の種類で区別すると，スチレン系，フェノール系，アクリル系，メタクリル系イオン交換樹脂がある．陽イオン H^+ が吸着している陽イオン交換樹脂（スルホン酸基）を陽イオンの放射性核種 M^{n+} を含む水溶液中に加えると，M^{n+} が H^+ と交換して，陽イオン交換樹脂の官能基に置換する．この交換を下記の反応平衡式で表すと

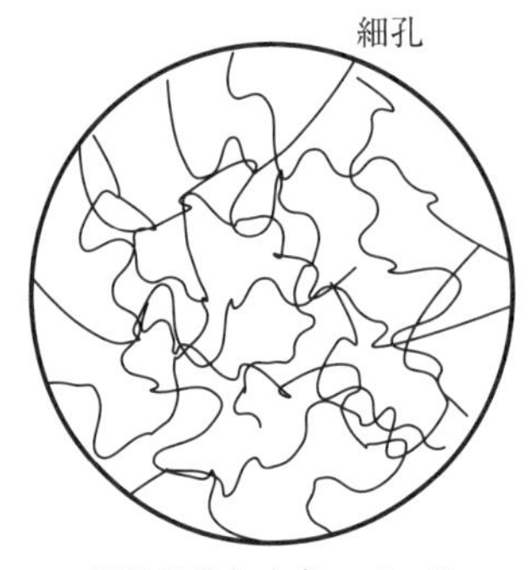

巨大孔

細孔

細孔が細かく空いている　　細孔と巨大孔が入り組んでいる

全多孔型イオン交換樹脂　　巨大網目型イオン交換樹脂（MR形）

図 3.22　イオン交換樹脂の球形高分子剤の幾何学的な模式図[15]．

$$\left\{ \cdots\text{-C}_6\text{H}_4\text{-SO}_3^- \right\}_n \cdot n\text{H}^+ + \text{M}^{n+}(\text{移動相}) \rightleftarrows n\text{H}^+(\text{移動相}) + \left\{ \cdots\text{-C}_6\text{H}_4\text{-SO}_3^- \right\}_n \cdot \text{M}^{n+}$$

この平衡関係を平衡定数（K）を用いて表すと

$$K = \frac{[\text{H}^+]^n[\text{M}^{n+}]_{\text{SO}_3^-}}{[\text{H}^+]^n_{\text{SO}_3^-}[\text{M}^{n+}]}$$

イオン交換樹脂の中の $[\text{H}^+]_{\text{SO}_3^-}$ と $[\text{M}^{n+}]_{\text{SO}_3^-}$ のそれぞれの濃度は，乾燥樹脂の1グラム当たりの吸着するイオン量，すなわち「交換容量」を用いることが多い．陽イオン交換樹脂の量に比べて M^{n+} の量がわずかな場合，K および $[\text{H}^+]_{\text{SO3}-}$ は一定と見なすことができる．ここで，固定相であるイオン交換樹脂および移動相中の M^{n+} の比である分配係数（K_d）は，以下のようになる．

$$K_d = \frac{[\text{H}^+]_{\text{SO}_3^-}}{[\text{M}^{n+}]}$$

この式と先ほどの式を用いると，以下のようになる．

$$K_d = \frac{(\text{定数})}{[\text{H}^+]^n}$$

この式に対して，両辺に対数をとると以下のように書き直すことができ，イオン交換樹脂における分配係数と液性との間で重要となる関係式が導き出される．

$$\log K_d = (\text{定数}) - n\{-\log[H^+]\} = (\text{定数}) + n\{\text{pH}\}$$

この関係式から H^+ 形の陽イオン交換樹脂を用いて陽イオンの放射性同位体を分離する場合，陽イオンの濃度には関係なく，放射性同位体の元素特性に伴う分配係数の対数値と試料溶液の pH には直線関係があることが示唆される．つまり，pH 調整することで試料成分中の各種金属イオンを選択的に分離することができる．ここでの分配係数 K_d は，イオン交換樹脂への吸着度合いを示しているので，一般にイオンの原子価が，以下のように大きくなるにつれて

$$Na^+ < Ca^{2+} < Al^{3+} < Th^{4+}$$

のような関係で，イオン交換樹脂への吸着が高くなる．また，水和イオン半径（ストークス半径とも呼ばれ，水溶液中を移動しているときの金属イオンが水分子と結合しているときのイオン半径の指標で，すなわち溶液中での水分子が金属イオンの周りにどの程度，吸着しているかを表している．実験的に水和イオン半径の関係は，$Li^+ > Na^+ > K^+ > Rb^+ > Cs^+$ である）が，小さいものほど，イオン交換樹脂への吸着度合いは，以下のように大きくなる．

$$Li^+ < Na^+ < K^+ < Rb^+ < Cs^+$$

つまり，同族元素間で重い元素ほど水和イオン半径が小さく（水分子が結合していないので粘性度も小さく），その結果，金属イオンとしてイオン交換樹脂の官能基に接触する割合が大きくなり，イオン交換樹脂への吸着度合いが高まる．上述のイオン交換樹脂への吸着特性の結果について，図 3.23 に，アルカリ金属元素の陽イオン交換樹脂に対する溶離曲線を表す．

図 3.24 に，陰イオン交換樹脂（Dowex 1x8, 100-200mesh）のカラムクロマトグラフィ実験の様子と構成模式図を表す．イオン交換カラムを行う操作方法は，基本的には高速液体クロマトグラフィ装置構成に類似しており，基本的なワークフローは同一である．一般的に溶離液に強酸（硝酸，塩酸など）や強塩基性（水酸化ナトリウム，など）溶液を用いるので，ドラフトチャンバーなどで作業することが望まれる．イオン交換樹脂をカラムに充填し，不純物除去や樹脂再生のためにコンディショニング操作を行う．カラムへの充填手順では，一番気を付けなければならないのは空気（気泡）が充填された樹脂内に張り込

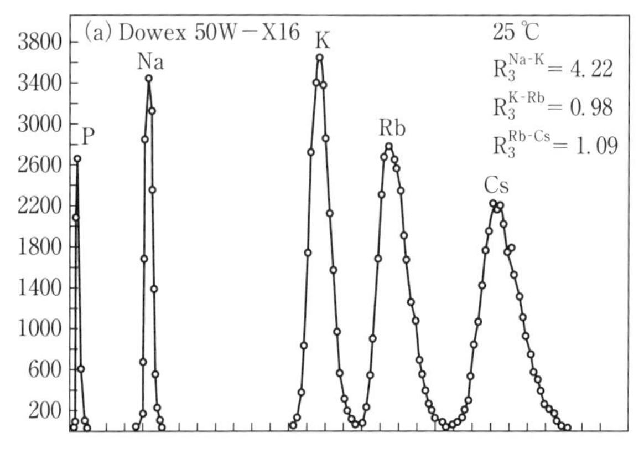

図 3.23　陽イオン交換樹脂（Dowex 50W-X16）におけるアルカリ金属の溶離曲線（文献 15），p.122，図 4.4 より）

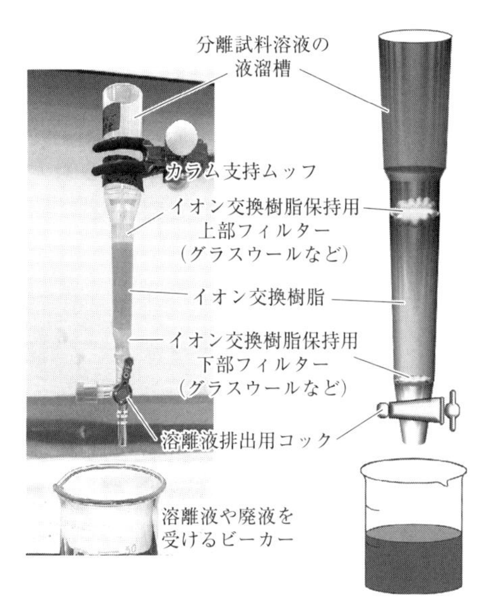

図 3.24　陰イオン交換樹脂（Dowex 1x8, 100-200mesh）のカラムクロマトグラフィ実験状況と構成模式図

むことが問題となる．そこで以下のようにする．

1.　水の入ったビーカーに湿潤状態の樹脂を入れて十分に膨潤させる．もし樹脂がカラカラに乾燥しているときなどは一夜水に含浸させ，十分に湿潤させる．

2. カラムを支持台に固定して，水をカラム容積の1/3程度に入れておく

3. 次に，その樹脂をそのカラムへ導入する際，ビーカーに傾斜を付けて洗びんを用いて流し込む．カラムが水で溢れそうになったらカラム出口のコックを開き少量の水を排出させカラム内の水面を下げ，さらに残りの樹脂を同様な方法で充填していく．

4. 樹脂の充填を終えたら，水を樹脂層の少し上まで抜き，水面が常に樹脂層の少し上に保つようにする．(常に，樹脂を乾燥させないため．)

5. 樹脂の量はカラム高さの半分程度にしておく．カラム上部への分析試料溶液を導入するスペースを設けて，ゆっくりとその溶液を流すため．これは重力降下の作用でその溶液を排出させるのだが，イオン交換樹脂への吸着（接触）を確実にし，分離しにくい金属イオン同士の分離に対して，時間をかけてイオン交換を確実なものにさせる意味合いもある．

また，このようにカラム充填し準備したイオン交換樹脂カラムクロマトグラフィが，どの程度のイオン交換能力があるかを確かめるために，「イオン交換容量」の試験を実施する．ここで，「イオン交換容量」とは，試料溶液に含有する分離分析対象となる溶質成分（金属イオン）の総量に対して，どの程度までイオン交換樹脂の官能基（交換基）が交換に寄与することができるかの容量を表している．カラム準備時には，事前に調べておくことを推奨する．これより陰イオン交換樹脂の交換容量の交換容量試験方法について解説する．

1. カラムに充填した樹脂の不純物除去と再生のコンディショニング操作後，10%水酸化ナトリウム溶液をカラム上部の入口から導入し，陰イオン交換樹脂の官能基（交換基）のすべてを，$-OH$ の水酸基に交換する．

2. 水を流して，余分な水酸化ナトリウム成分を排出させる．

3. この後，0.1M 塩酸溶液を導入して，カラム下部から排出される溶液を受ける．最初，排出される溶離液は，イオン交換樹脂の $-OH$ 基が，塩酸の $-Cl$ 基と交換が促進され，$H-OH$ の（水）成分が溶離してくる．少しずつ溶離してくる成分を1 mLの容量の小さいテストチューブを複数個使って，溶離液を分画する．

4. 少量ずつ分画した溶離液を，溶離順ごとに並べて，それぞれに対して pH 測定，もしくは pH 試験紙を使って，pH の値を調べておき，陰イオン交換樹脂の官能基（交換基）がすべて $-Cl$ に交換されると，次第に分画している溶離液から陰イオン交換されずに溶離してくる 0.1M 塩酸溶液が排出され，pH 値が酸性側（pH＝1）へ移行する．
5. そこが終点となるので，そこまでに排出した溶離液の全量を記録して，交換容量（強塩基性陰イオン交換容量に相当）を算出する．

ここまでの交換容量試験で求めた，溶離液の量を x mL とすると，塩酸 0.1［M］の値から樹脂内で交換された $-Cl$ 基のモル数を算出し，カラムの充填したイオン交換樹脂の体積 V_{resin} と，ここで使用している陰イオン交換樹脂の含水率（一般的な陰イオン交換樹脂 Dowex 1x8, 100-200 メッシュのもので，0.45 の値である）から，交換容量［mmol/mL］を計算する．

$$\text{交換容量}\,[\mathrm{mmol/mL}]=\frac{0.1\,[\mathrm{M}]\times\dfrac{x}{1000}\times 1000\,[\mathrm{mmol}]}{V_{resin}}\times\frac{1}{0.45}$$

一般に，イオン交換樹脂の分野では，交換容量の単位［mmol/mL］を［eq/L］とか，［meq/mL］で表記される．eq は，equivalent「平衡」の意味で，その頭文字である．市販されている強塩基性陰イオン交換樹脂（Cl 形）（たとえば，オルガノ社製アンバーライト IRA400J など[19]）では，0.8～1.4［meq/mL］程度が一般的な値で，有効 pH 範囲は概ね全領域 0～14 である．

イオン価数が同じような複数の金属イオンに対して，陰イオン交換樹脂カラムによる選択的なカラムクロマトグラフィ分離の実例について紹介する．このような場合，陰イオンとの「錯体形成反応」における安定度の違いを利用して分離が行われる．Mn^{2+}，Fe^{3+}，Co^{2+}，Ni^{2+}，Cu^{2+}，Zn^{2+} の遷移金属群の分離において，塩化物イオン Cl^- による錯体形成とその安定度の差を利用する．図 3.25 に塩酸溶液中でのそれら金属イオンの陰イオン交換樹脂カラムクロマトグラフィにおける溶離曲線挙動を示す[4]．

この溶離挙動では，陰イオン交換樹脂を 12M の塩酸で前述の金属イオンを溶解させると，塩化物イオンの錯体形成により，Ni^{2+}[Ni(Ⅱ)] 以外はクロロ錯体金属イオンとして安定に存在する．この状態で，陰イオン交換樹脂クロマト

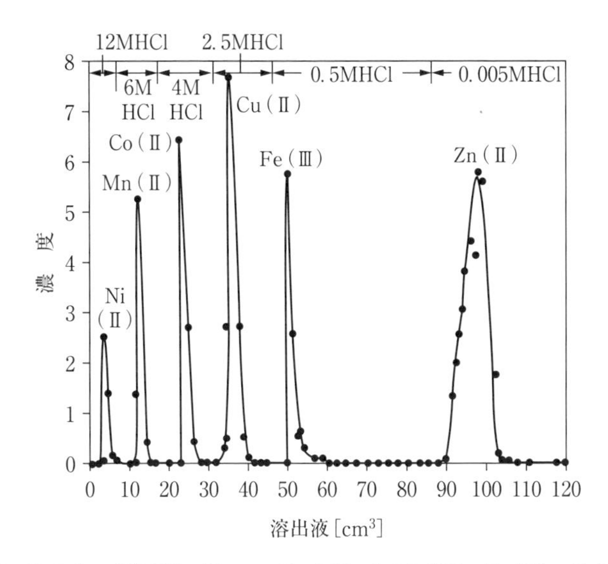

図 3.25　陰イオン交換樹脂（Dowex 1）を用いた Mn(Ⅱ)，Fe(Ⅲ)，Co(Ⅱ)，Ni(Ⅱ)，Cu(Ⅱ)，および Zn(Ⅱ)の各種塩酸濃度による溶離曲線（文献20）より引用）.

グラフィを行うため，カラムへ通液すると，錯体形成しない Ni^{2+}[Ni(Ⅱ)]が直ちに溶離してくる．この様子が，図 3.25 の溶出液量0[cm³]付近で，Ni^{2+}[Ni(Ⅱ)]のピークで確認できる．他の金属イオンについては，クロロ錯体金属イオンを形成し，陰イオン状態であるので，陰イオン交換樹脂に捕捉されている．この状態で，次に 12M 塩酸より薄い濃度で，カラムを通液すると，塩化物イオンとの錯形成の安定度の低いものから順に溶離してくる．この図 3.25 から，6M 塩酸を通液すると Mn^{2+}[(Mn(Ⅱ)]，4M 塩酸で Co^{2+}[Co(Ⅱ)]，2.5M 塩酸で Cu^{2+}[Cu(Ⅱ)]，0.5M で Fe^{3+}[Fe(Ⅲ)]，0.005M で Zn^{2+}[Zn(Ⅱ)]が溶離され，このようにカラムへ通液する塩酸濃度を変化させることで，各金属イオンを一つの陰イオン交換樹脂クロマトグラフィカラムによって分離することができる．なお，図 3.25 のような各種イオンの溶出順序傾向を裏付ける結果は，1955 年の K. A. Kraus ら[21]によって総括された周期表上の各元素に対応した各塩酸濃度に対する陰イオン交換樹脂吸着曲線の形式で総括している．図 3.26 は，Mn^{2+}，Fe^{3+}，Co^{2+}，Ni^{2+}，Cu^{2+}，Zn^{2+} についての溶離曲線

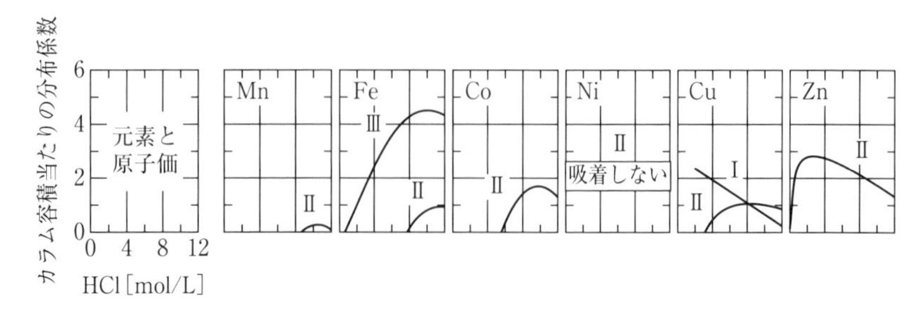

図 3.26　Mn^{2+}，Fe^{3+}，Co^{2+}，Ni^{2+}，Cu^{2+}，Zn^{2+} の塩酸溶液における陰イオン交換吸着曲線（陰イオン交換樹脂：Dowex 1）[21]．

挙動を示している．ここで，Ni^{2+} は，希塩酸から濃塩酸にわたる全濃度領域でクロロ錯イオン形成がされておらず，陰イオン錯体形成を伴わないので，陰イオン交換樹脂に吸着しないことが確認できる．

イオン交換クロマトグラフィでの注意点は，重力法による溶出分離となることから短半減期の放射性同位体分離には不向きであるので，仮に，短寿命の放射性同位体を取り扱うことを考える上では，その親核種（半減期が娘核種よりも長い）を先にイオン交換樹脂へ吸着させておき，ミルキング操作による娘核種の成長から溶離液で溶出させるようなRIジェネレータの用途に使用することができる．ただし，高放射能レベルの場合，高分子体である母体の高分子鎖（架橋）が損傷を受けるので，樹脂自体の劣化に気を付けることが必要である．放射能濃度の高い状態で，イオン交換樹脂に保持しておくことはしない．

【**例題**：第一種放射線取扱主任者試験・平成15年・第48回・化学・問2】

陰イオン交換樹脂からの金属イオンの溶離曲線の一例を図3.27を示す．放射性同位体でそれぞれ標識したNi^{2+}，Mn^{2+}，Co^{2+}，Cu^{2+}，Fe^{3+}，Zn^{2+} の塩酸による溶離挙動に関する次の記述のうち，正しいものの組合せはどれか．

A　Mn^{2+} と Co^{2+} は 4 mol/L の HCl で溶出する．

B　0.1 mol/L の HCl を溶離液に用いると，Zn^{2+} のみを樹脂上に保持することができる．

C　Ni^{2+} は濃塩酸中でも塩化物イオンと錯陰イオンをほとんど形成しない．

D　溶離液の順序を変えることにより，Cu^{2+}とFe^{3+}の溶出する順序を入れ

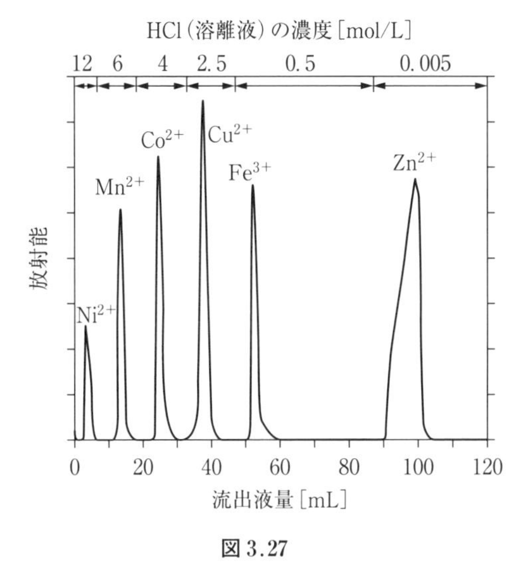

図 3.27

替えることができる．

1　ABC のみ　　2　ABD のみ　　3　ACD のみ　　4　BCD のみ

5　ABCD すべて

（答え 1）

3.5　その他の分離法

3.5.1　電気化学的方法

試料溶液中（一般的に酸性溶液）の溶質となる放射性同位体は，金属イオンの状態で存在していることが多いが，その溶液中でイオン化するときは，酸性度合いを基準とし，以下のような「イオン化傾向」に従って金属元素間のイオン化する割合が決まる[22]．

$$\text{M(金属元素)} \rightarrow \text{M}^{n+} + n\text{e}^{-}$$

金属のイオン化傾向は，酸化還元電位（Oxidation-Reduction Potential）：ORP の大きさに関係しており，標準電極電位の低い金属ほどイオン化傾向が大きく，イオンになりやすい．この酸化還元電位は，酸化還元平衡状態にある水溶液に標準水素電極と白金電極を挿入する（簡単な実験では，レモンに Cu

板（＋）とZn板（－）を挿入すると電気が流れ，豆電球が光る）．すると，1つの可逆的な電池（充電池のようなもの）が構成され，その溶液の酸化還元状態に応じて一定の電位差が生じる．この電位差のことを酸化還元電位と呼ぶ．

$$E_h = E_0 + \frac{RT}{nF} \cdot \ln \frac{[Ox]}{[Red]}$$

ここで，E_hは，標準水素電極電位を0としたときの酸化還元電位，E_0は，標準酸化還元電位，nは，1つの分子当たりに授受される電子の数，Rは，気体定数，Fは，ファラデー定数，Tは，そのときの水溶液の温度（絶対温度），$[Ox]$と$[Red]$は酸化反応および還元反応のそれぞれに介在するイオン活量に相当する．主要な元素のイオン化傾向の大きい順，つまりイオン化エネルギーが小さい順に並べると，以下のようになる．なお，水素原子（H）は，そのイオン化傾向の基準となる．

K＞Ca＞Na＞Mg＞Al＞Zn＞Fe＞Ni＞Sn＞Pb＞(H)＞Cu＞Hg＞Ag＞Pt＞Au

標準酸化還元電位E_0が小さいものほど，上のイオン化傾向が大きく，イオン化しやすい（イオン化エネルギーが小さい）ことを示している．ここで，**外部から電圧を印加せず**，上で示したイオン化傾向の差において，つまり標準酸化還元電位差を起電力として水溶液中で酸化還元反応が起こる．

図3.28のように，水溶液に硫酸銅$CuSO_4$溶液に，Zn板が配置されている場合，イオン化傾向の差から，ZnがZn^{2+}となり溶液中に溶出する．すなわち酸化反応（$Zn \rightarrow Zn^{2+} + 2e^-$）が起こり，硫酸銅溶液中のCuは，$Cu^{2+}$の状態から，Zn板からの電子を受け取ることで，還元反応（$Cu^{2+} + 2e^- \rightarrow Cu$）が起こる．このような状況を**電気化学的置換法**，または**内部電解法**と呼ぶ．このような過程で，目的元素を分離精製することができる．この分離手法では，イオン化傾向の差が大きく，放射性同位体がトレーサ量程度であれば効率良く分離精製できるが，析出量が多くなってくると酸化還元反応が行われる端子を覆い尽くしてしまい，その反応の進行を妨げ分離精製を遅延させてしまう．

このように内部電解法は，酸化還元反応の完了までに時間を要してしまうので，外部から別に電圧・電流を印加させることで効率良く分離精製する方法を

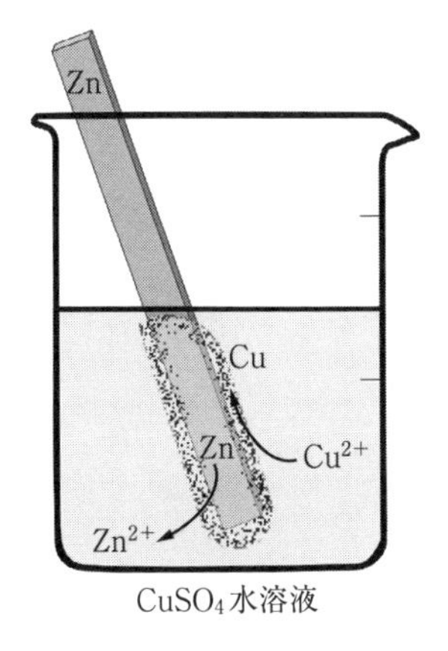

酸化反応：$Cu^{2+} + 2e^- \rightarrow Cu$

還元反応：$Zn \rightarrow Zn^{2+} + 2e^-$

図 3.28　電気化学的置換法の原理

外部電解法といい，**定電圧電解法**と**定電流電解法**がある．これらを総称して，電着法（図 3.29 に電着法による装置図を表す）とも呼ばれて，RI 密封アルファ線源（^{241}Am や ^{238}U など）の作製や，核医学診断で使用される ^{201}Tl 製造時の標的 Pb ターゲットを作製するときに，この外部電解法による電着作製が行われる．

電気化学的方法では，内部電解法（電池）や外部電解法（電気分解）を総括しており，その基本は酸化還元反応である．表 3.3 に，酸化還元反応における「電池」と「電気分解」についてまとめる．

この表から，酸化反応が起こる場所を常に「アノード anode」と呼び，逆に，還元反応が起こる場所を常に「カソード cathode」と覚えておくことが重要である．アノード側では，酸化なので電子が放出され（酸化する側の酸化数が増大），カソード側では，還元なので電子を受け取る（還元する側の酸化数が減少）．

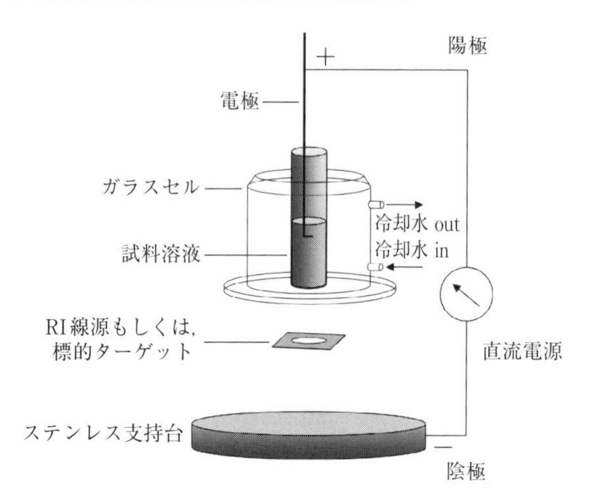

図 3.29　電着法の実験装置図

表 3.3　電池と電気分解における酸化還元反応の概念

電極名	電池	電気分解
酸化反応が起こる電極【アノード anode】 例）$Zn^{-} \rightarrow Zn^{2+} + 2e^{-}$	マイナス極 (負極)	プラス極 (陽極)
還元反応が起こる電極【カソード cathode】 例）$Cu^{2+} + 2e^{-} \rightarrow Cu$	プラス極 (正極)	マイナス極 (陰極)

3.5.2　電気泳動法

電気泳動法[23] は，今日，そのほとんどが生物化学分野で利用されており，分析用電気泳動法や調整用のそれに大別され，無機イオンから，アミノ酸，ペプチド，タンパク質，核酸などの生体分子を対象とする．多くの生体分子は，溶液中を特定条件にすると解離基（$-COOH$ や $-NH_2$ など）がイオン化している．イオン化した生体分子を含む溶液をろ紙などにおき，両側から電場をかけると，その電荷に従って溶媒が染み込んだろ紙の中を移動する．その生体分子の荷電状態は，液性の pH や電解質のイオン強度に依存し，電荷数も当然のことながら関係し，その移動度に影響を与える．高分子量の大きな生体分子は，溶媒中の水分子やろ紙媒体物質（セルロースやゲル状デンプン，寒天など）は，電場勾配に伴ってそれぞれの電極へ移動する際に，衝突による摩擦や

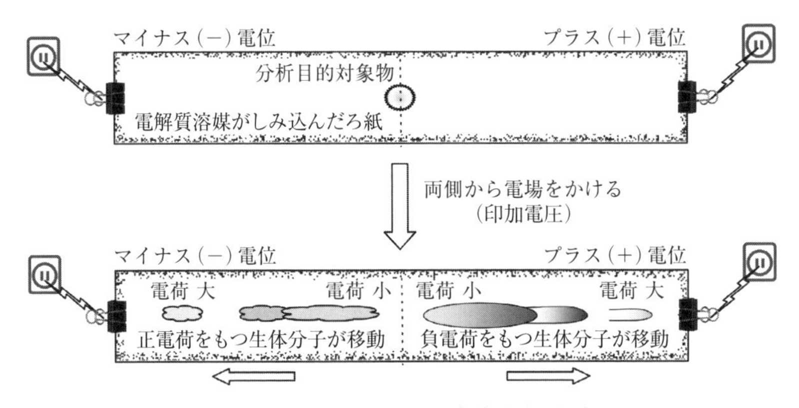

図 3.30　簡単なろ紙による電気泳動法の概念図

静電気的な力よって，小さい分子よりも移動度が小さくなり，また分子形態が繊維状であったり，あるいは球状であったりすることにより，それら種々の生体分子間でその挙動に差異が生まれる．このような電場勾配のもとで，そのような移動度の差に基づいて目的対象物を分離する方法のことを電気泳動法という．図 3.30 は，簡単なろ紙による**電気泳動法**の概念図を表す．

移動する生体分子の場所となるろ紙やセルロースは非ゲル形で，寒天やポリアクリルアミドはゲル形で，これらを用いる電気泳動法のことを，その場所となる支持体をゾーンと呼ぶことから，「ゾーン電気泳動法」という．ゾーン電気泳動法の中でも，分離能力を向上させたポリアクリルアミドを支持体にする「ディスク（disc）電気泳動法」がきわめて一般的であり，支持体層のポリアクリルアミドゲルを試料用ゲル，濃縮用ゲル，分離用ゲルに構成し，それぞれ各層のゲルにおいて，pH，ゲル網目構造サイズ（pore size），電位勾配に不連続性をもたせたゲル電気泳動用管を設けた手法である．この手法は，その不連続性の意で，discontinuous electrophoresis の略称，また分離染色後の像が円盤状（disk）からそのような名前が付いている．ポリアクリルアミドゲルの網目構造による生体分子ふるい効果を生み出し，電荷に基づく分離効果を助け，試料が分離用ゲルに入る前に電位勾配の不連続面での薄い層に濃縮されることが特長である．試料がいったん濃縮されてから分離するので，微量試料でも明瞭な電気泳動像を得ることができる．放射性同位体で標識させた生体分子化合物（タンパク質など）を電気泳動法により分離させると，図 3.31 のような装

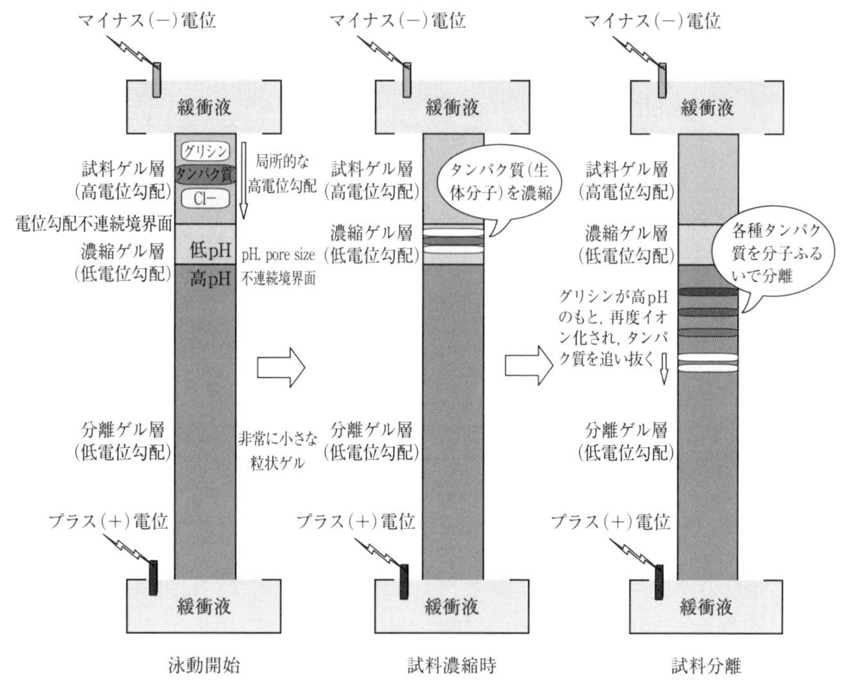

図 3.31　ディスク（disc）電気泳動法

置により，電気泳動像後，染色させることでデンシトメトリー（各種生体分子ごとに電気泳動による分離バンド帯）を出現させてから，その各位置での放射能強度を走査していく．

3.5.3　ラジオコロイド法

3.1.7 項にてラジオコロイドの特性について解説してきた．この特性を利用した分離法がラジオオコロイド法である．コロイド粒子の特長である粒子表面の帯電状態により，トレーサ量の放射性同位体が吸着される．コロイド粒子表面への吸着特性はおのおのの元素特性に依存するので，溶存状態の液性に伴って，その差異を巧みに利用しトレーサ量の放射性同位体を分離する．ここでは，親核種の ^{90}Sr とその娘核種の ^{90}Y におけるラジオコロイド法による分離例を説明する．図 3.32 は，^{90}Sr-^{90}Y のラジオコロイド法による分離操作を表している．

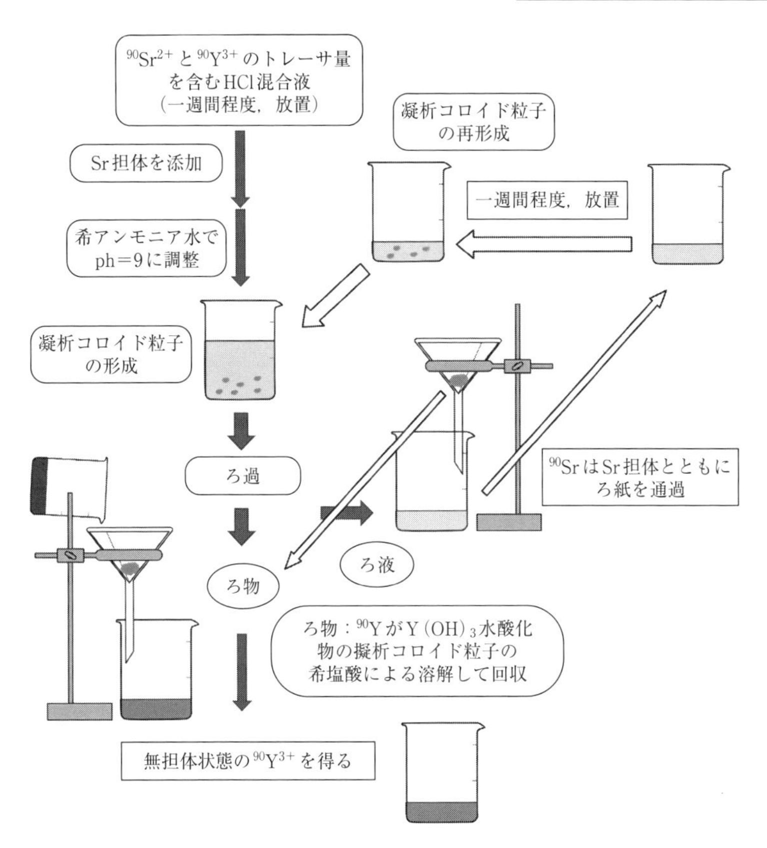

図 3.32 ^{90}Sr-^{90}Yのラジオコロイド法による分離操作

^{90}Sr-^{90}Y のトレーサ量を含む混合溶液に，0.5M ストロンチウム（Sr）担体となる塩酸溶液にする．この溶液中では，^{90}Sr の半減期が 28.8 年，その娘核種である ^{90}Y の半減期 2.67 日となることから，1 週間程度，放置しておくと，放射平衡が成立する．この状況で，溶液に希アンモニア水を加えて，pH＝9 程度に調整する．遷移金属の ^{90}Y は，水酸化物のコロイド，つまり $^{90}Y(OH)_3$ の水酸化物コロイド粒子が形成され，このコロイド粒子が徐々に大きくなると凝析（凝集）され，ろ紙を用いてろ過操作を行い（図 3.33），ろ液と凝析コロイド粒子であるろ物に分ける．

ろ液には，親核種である ^{90}Sr を含む Sr 担体溶液で，時間経過後，娘核種の ^{90}Y が成長してくると，さきほどと同様に $^{90}Y(OH)_3$ の水酸化物コロイド粒子

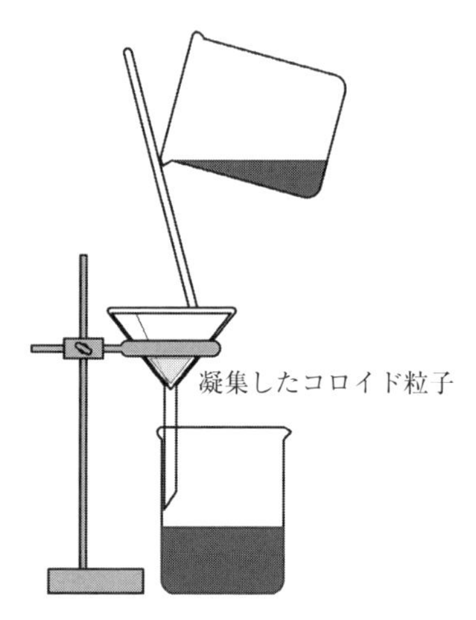

図3.33　凝集したコロイド粒子のろ過操作例

が成長する．ろ紙上の ^{90}Y の水酸化物沈殿は，希塩酸を加えることでそのコロイド粒子の凝集が溶出し，無担体の ^{90}Y を分離することができる．

3.5.4　昇華・蒸留法

放射性同位体で標識された放射性標識化合物は，その化合物特性に従い，特有の蒸気圧をもつ．この蒸気圧の違いを利用して，固体状態から直接気体となる「昇華」や液体状態から気体となる「蒸発」の特性，その揮発性により目的物質を分離・精製することを**昇華・蒸留法**という．化学プラント工場（アルコール飲料の製造から石油化学製品の精製など）でよく見られる蒸留塔が，まさにこの昇華・蒸留法を応用した分離・精製法である．図3.34は，蒸留塔内部を概略している．

蒸留塔内部では，試料成分（不純物成分を含む放射性標識化合物など）をキャリヤガス（不活性ガスや二酸化炭素など）とともに，気相混合物と液相混合物の境界面で加熱気化させ，沸点の高い成分は，気化しにくく下部の回収部にて液化回収され，一方，沸点の低い成分はそのまま上部へ移行し，試料成分の供給が続く限り濃縮し，その濃縮成分を冷却コンデンサで回収される．昇華・蒸留法の原理は，まさに化学プラントのような蒸留塔で起こっている過程を利用した分離・精製法である．ここで加熱気化だけではなく，真空または減圧下

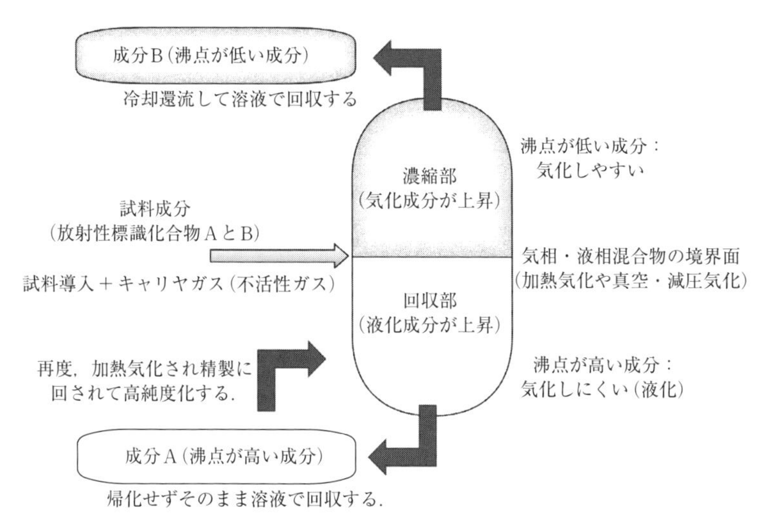

図3.34 蒸留塔内部の模式図

での気化でも，昇華・蒸留を迅速に起こすことができるので，さまざまな沸点をもつ目的化合物に対しても，多様かつ選択的な分離・精製することができる．この方法は無担体分離が可能で，放射性オスミウムやルテニウム，放射性レニウムやテクネチウムのそれぞれの酸化物を蒸留によって相互分離する例があげられる．しかしながら，放射性同位体の気化ということもあり，十分な放射線安全を有する，すなわち放射能汚染を引き起こさない高度な安全な配管設備が必要である．

〈参考文献〉

1）絹谷清剛：Drug Delivery System, 29, 294, 2014
2）鷲山幸信：放射化学, 32, 11-33, 2015
3）小野公二：ISOTOPE NEWS, 755, 42-47, 2018
4）吉村崇：ISOTOPE NEWS, 718, 82-85, 2014
5）Choppin, G. R., Liljenzin, J., and Rydberg, J.：RADIOCHEMISTRY AND NUCLEAR CHEMISTRY, THIRD EDITION, 柴田誠一，大久保嘉高，白井理，高宮幸一，藤井俊行 共訳，丸善，2005

6) 日本放射化学会編：2006年度版 放射化学用語辞典，2006
7) Day, Jr, R. A., and Underwood, A. L.：QUANTITATIVE ANALYSIS, 4TH EDITION, 鳥井泰男，康智三共訳，培風館，1982
8) Nagai, Y. and Hatsukawa, Y.：Production of 99 Mo for Nuclear Medicine by 100 Mo (n, 2n) 99 Mo JOURNAL OF THE PHYSICAL SOCIETY OF JAPAN, 78 (3), 033201, 2009
9) Walczyk, T., and Blanckenburg, F.：SCIENCE, 295, 2065, 2002
10) 入門分析化学シリーズ 分離分析，（社）日本分析化学会編集，朝倉書店，1998
11) 西澤邦秀，柴田理尋：放射線と安全につきあう，利用の基礎と実際，名古屋大学出版会，2017
12) Adachi, H., Mukoyama, T., Kawai, J.：HARTREE-FOCK-SLATER METHOD FOR MATERIALS SCIENCE, THE DV-X ALPHA METHOD FOR DESIGN AND CHARACTERIZATION OF MATERIALS, Springer, 2006
13) 小出昭一郎，大槻義彦編：物理学 On point 25，新版物理便利帖，共立出版，1989
14) 浅井志保：創薬と開発―放射性核種の迅速分離を実現する抽出試薬担持型グラフト多孔性膜，ぶんせき，10, 530-534, 2006
15) 新実験化学講座9 分析化学Ⅱ，社団法人日本化学会編，丸善，1977
16) 内山充：総説ラジオガスクロマトグラフィ，RADIOISOTOPES, 19 (11), 551-563, 1970
17) 公益社団法人日本アイソトープ協会編：7版 2019 密封線源の基礎，丸善，2019
18) TrisKem International, http://www.sowa-trading.co.jp/maker/triskem/，桑和貿易株式会社
19) オルガノ株式会社編：イオン交換樹脂 アンバーライト　その技術と応用（基礎編），2002
20) 齋藤信房，吉野諭吉，斎藤一夫，藤本昌利，水町邦彦：分析化学，裳華房，1998
21) Kraus, K. A., Nelson, F.：PROC. INTERN. CONF. PEACEFUL. USES AT. ENERGY, Geneva, 7, 113, 1955
22) 逢坂哲彌，小山昇，大坂武男：電気化学法　基礎測定マニュアル，講談社サイエンティフィク，1989
23) 新実験化学講座20　生物化学Ⅰ，社団法人日本化学会編，丸善，1978

4 放射性標識化合物

本章では，放射性標識化合物の合成，純度，保存について説明する．放射性標識化合物とは，化合物中の特定の原子１つまたは複数の原子を，その元素の放射性同位体核種で置き換えて目印を付けた化合物のことである．放射性標識化合物は，トレーサー（追跡子）としてよく用いられている．トレーサーから発せられる放射線を指標としてその化合物の局在や量などを知ることができる．放射性標識化合物の合成法には，以下に述べるように，化学的合成法や生合成法など一般化学で普通に用いられる合成法と，放射化学に特徴的なホットアトム法などがあり，さらに汎用される標識用核種ごとに特有な合成法がある．

4.1 合　　成

4.1.1 化学的合成法

化学的合成法は，化学の分野で蓄積されてきた有機化学や無機化学の合成法を用いる最も一般的な方法である．非常に多種類の標識化合物を得ることができ，高比放射能の標識化合物を短時間で合成することも可能である．標識用核種と標識位置や標識数を目的に応じて選ぶことができる．

標識用核種の出発物質は，通常は簡単な放射性無機化合物であり，それを用いて何ステップかの有機合成を経て目的の標識化合物を合成する．出発物質から標識試薬を合成し，標識したい前駆体と反応させ目的の標識化合物を得る場合もある．標識用核種の半減期と反応に要する時間や収率を考慮して反応経路を選択する．

合成に当たっては，ホットセルなど放射性の化合物が外に漏れないように密封された系や合成装置で行う．

以下に重要な化学的合成法について述べる．

(1)　^{14}C 標識化合物の合成

a　一般的な合成法

主に図4.1に示すような合成経路が知られている．一例を述べると，まず出発物質の $Ba^{14}CO_3$ を金属カリウム，亜鉛末の混合物とアンモニア気流中で650℃に4時間程度鉄線を触媒に用いて加熱するなどして $K^{14}CN$ を得る．その後，糖類，アミノ酸，アミン，カルボン酸，アルコールなどの標識化合物を得る．さらにいくつかの反応を経て尿素，核酸，ステロイド類，薬物などを得ることができる．

$$CH_3SCH_2CH_2CHO + H^{14}CN \longrightarrow CH_3SCH_2CH_2CH(OH)^{14}CN \xrightarrow{NH_3}$$

$$CH_3SCH_2CH_2CH(NH_2)^{14}CN \xrightarrow{\text{酸}} CH_3SCH_2CH_2CH(NH_2)^{14}COOH$$

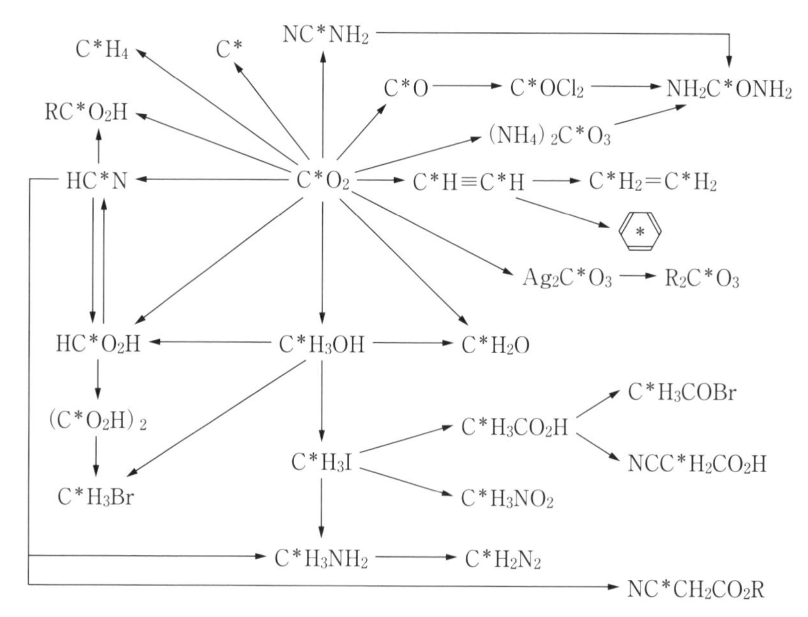

図4.1　^{14}C 二酸化炭素から合成される化合物．C* は ^{14}C を示す．
（文献1）より）

b　グリニヤール反応

出発物質は，$Ba^{14}CO_3$ である．これに強酸を加えて炭酸ガス（$^{14}CO_2$）を発生させグリニヤール試薬と反応させ有機酸を得る．これらの炭酸ガスや有機酸を還元してアルコールにしてから種々の有機化合物に合成することも可能である．

$$R-MgX+{}^{14}CO_2 \longrightarrow R^{14}COOMgX \longrightarrow R^{14}COOH$$

$$CH_3MgBr+{}^{14}CO_2 \longrightarrow CH_3{}^{14}COOMgBr \longrightarrow CH_3{}^{14}COOH$$

$$C_6H_5MgBr+{}^{14}CO_2 \longrightarrow C_6H_5{}^{14}COOMgBr \longrightarrow C_6H_5{}^{14}COOH$$

次に示すように，反応経路を選ぶことで標識された酢酸でも標識位置の異なるものを合成することができる．

$$CH_3MgI \xrightarrow{^{14}CO_2} CH_3{}^{14}COOMgI \xrightarrow{\text{加水分解}} CH_3{}^{14}COOH$$

$$^{14}CO_2 \xrightarrow{LiAl^3H_4} {}^{14}CH_3OH \xrightarrow{HI} CH_3I \xrightarrow{KCN}$$

$$^{14}CH_3CN \xrightarrow{\text{加水分解}} {}^{14}CH_3COOH$$

(2)　^{11}C，^{13}N，^{15}O 標識化合物の合成

これらの核種は，半減期がそれぞれ約 20 分，10 分，および 2 分と非常に半減期が短いため使用する医療現場で**超小型サイクロトロン**を用いて放射性核種を製造し，**自動合成装置**により標識化合物を合成したのち分離精製してから注射液などに製剤化する．サイクロトロンのターゲット内で生成する標識用の出発物質は，$^{11}CO_2$，^{11}CO，$^{13}N_2$，$^{13}NO_3$，$^{15}O_2$，$C^{15}O$，$C^{15}O_2$ など主にガス状標識化合物である．これらを標識したい有機化合物に反応させるための合成前駆体に合成する．合成前駆体の主なものは，$^{11}CH_3I$，$H^{11}CN$，$^{13}NH_3$ などである．図 4.2 に主な ^{11}C の標識合成経路を示す．

(3)　^3H 標識化合物の合成

a　^3H 標識化合物の合成

トリチウム水やトリチウムガスを用い，グリニヤール反応やエステルの加水分解，接触還元などを行うことで合成できる．

$$R-CH=CH-R' \xrightarrow{^3H_2} R-CH{}^3H-CH{}^3H-R'$$

$$R-C\equiv C-R' \xrightarrow{^3H_2} R-C{}^3H=C{}^3H-R'$$

$$R-C\equiv N \xrightarrow{^3H_2} R-C{}^3H_2-N{}^3H_2$$

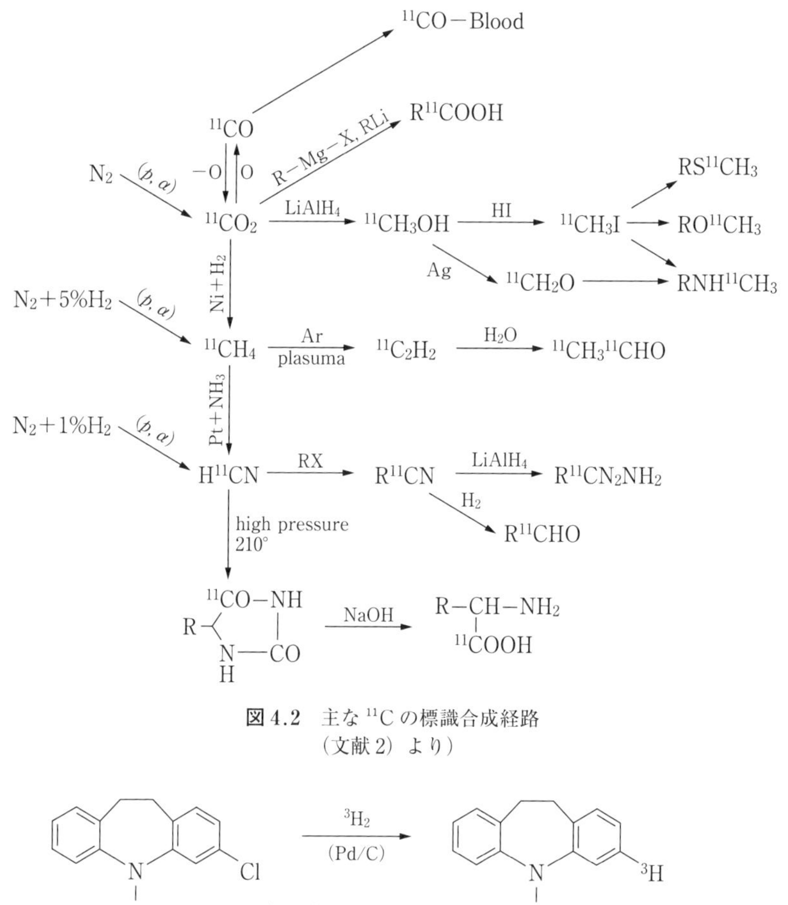

図 4.2　主な ^{11}C の標識合成経路
（文献 2）より）

3-Cl-イミプラミン　　　　[3-^{3}H] イミプラミン

b　還元試薬による標識

$LiB_3{}^3H_4$，$NaB_3{}^3H_4$，$LiAl_3{}^3H_4$ などの還元試薬によりカルボン酸，アルデヒド，エステル，酸アミド，ニトリルなどを還元し標識する．

$$\mathrm{R-CHO} \xrightarrow{\mathrm{LiB_3{}^3H_4}} \mathrm{R-CH\,^3H-OH}$$

$$\mathrm{R-COOH} \xrightarrow{\mathrm{LiB_3{}^3H_4}} \mathrm{R-C\,^3H_2-OH}$$

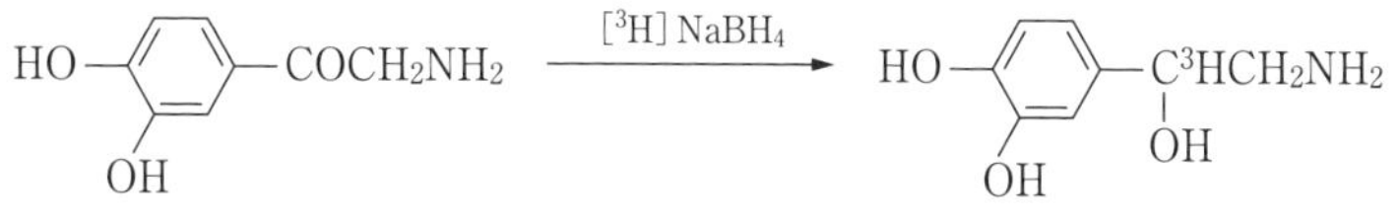

HO–C₆H₃(OH)–$COCH_2NH_2$ —[^3H] $NaBH_4$→ HO–C₆H₃(OH)–$C^3HCH_2NH_2$(OH)

ノルアドレナリン　　　　[7-^{3}H] ノルアドレナリン

(4) 放射性ハロゲン標識化合物の合成

放射性ハロゲン標識化合物の合成には，芳香族置換反応，芳香族ジアゾニウム塩の分解反応，脂肪族塩化物のハロゲン交換反応，不飽和結合への付加，同位体交換反応などの反応が用いられている．ヨウ素標識化合物の合成では，^{125}I，^{131}I，^{123}I が標識核種として汎用され，これらの放射性ヨウ化ナトリウムが標識の出発物質として用いられる．また，^{18}F による**フッ素標識化合物**の合成では，$^{18}F\text{-}F_2$ や $^{18}F\text{-}F^-$（フッ素アニオン）を出発物質とすることが多い．たとえば，核医学で用いられるブドウ糖代謝診断薬 ^{18}F-FDG (2-deoxy-2-^{18}F-fluoro-D-glucose) の合成法の一例を下に示す．

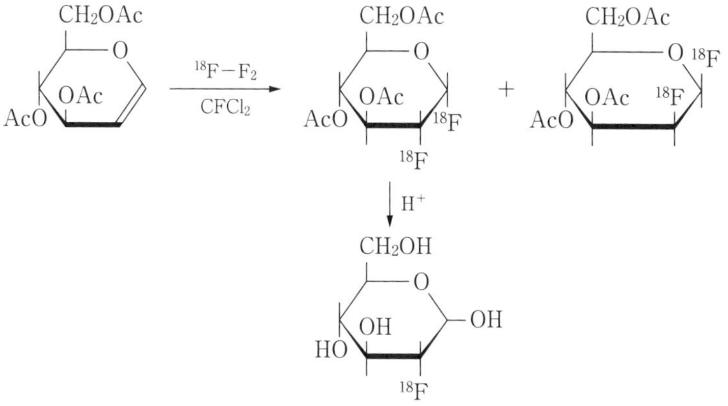

CH_2OAc / OAc / AcO（グリカール） —$^{18}F-F_2$, $CFCl_2$→ CH_2OAc / OAc / AcO / ^{18}F / ^{18}F ＋ CH_2OAc / OAc / AcO / ^{18}F / ^{18}F

↓ H^+

CH_2OH / OH / HO / OH / ^{18}F

4.1.2 生合成法

微生物や細菌などの生物の生体内の代謝を利用して，通常の化学合成では困難な標識化合物を得る．クロレラにより各種の ^{14}C 標識アミノ酸が，微生物により ^{60}Co-ビタミン B_{12} が，植物の葉により ^{14}C 標識グルコースなどが合成できる．ただし，比放射能，放射化学的純度が低く特定の位置を標識しにくい．

4.1.3　同位体交換法

化合物中のある元素と他の化合物中のその元素の同位体との交換反応（同位体交換反応）を利用して，標識化合物を合成する方法である．

(1)　ウィルツバッハ法

トリチウムの標識法である．トリチウムガス $^{3}H_2$（37～740 GBq）を標識したい有機化合物と一定期間（数日～数十日間）接触しておくと標識化合物ができる．面倒な化学反応を考えなくてもよいという利点があるが，標識位置が一定しておらず反応混合物の中から目的の標識化合物のみを精製することは困難である．元の化合物に戻りやすい．交換反応を促進させるため放電を利用することがある．また，特定の位置に標識するために触媒を用いる方法もある．

(2)　トリチウム標識溶液中での交換標識法

出発物質としてトリチウム標識の溶媒，たとえばトリチウム水（$^{3}H_2O$）を用い，その溶媒中で有機化合物を接触的にトリチウム化する方法である．1回の交換反応で得られる標識化合物の同位体濃度には限界があり，高濃度の標識化合物を得るには反復交換する必要があるため出発物質を大量に消費する．標識位置は普通一定でない．元の化合物に戻りやすい．

$$\mathrm{RCH_2COOK} \xrightarrow[\mathrm{(KOH)}]{\mathrm{^{3}HHO}} \mathrm{RCH^{3}HCOOK}$$

(3)　ハロゲンの交換反応

ハロゲン化合物を放射性ハロゲンと接触させておくと交換する．元の化合物に戻りやすい．

$$\mathrm{R{-}I + NaI^{*} \longrightarrow R{-}I^{*} + NaI}$$

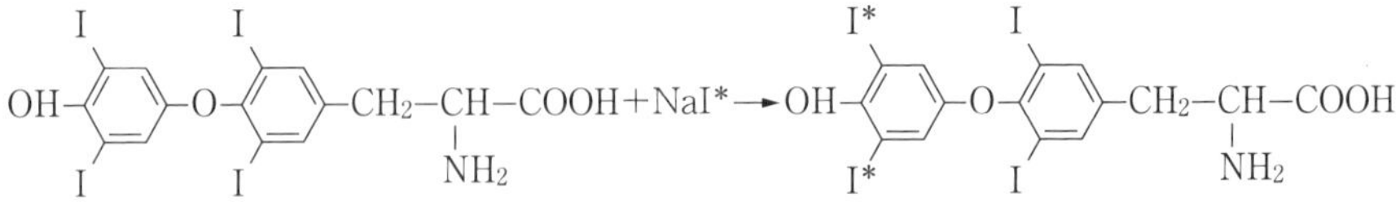

$$\mathrm{OH{-}C_6H_2I_2{-}O{-}C_6H_2I_2{-}CH_2{-}CH(NH_2){-}COOH + NaI^{*} \longrightarrow OH{-}C_6H_2I^{*}_2{-}O{-}C_6H_2I_2{-}CH_2{-}CH(NH_2){-}COOH}$$

サイロキシン　　　　I*-サイロキシン

4.1.4 ホットアトム法

核反応や壊変をしたとき，生成核や娘核は，反跳エネルギーを獲得し，ホットアトムと呼ばれる放射性核種となる．ホットアトムを利用した合成法をホットアトム法，**反跳標識法**，**直接標識法**，**放射合成法**などという．比放射能が高い複雑な化合物の標識が可能である．しかし，標識位置が一定でなく放射化学的収率も低い欠点がある．

4.1.5 ^{99m}Tc の標識法

(1) スズ還元法

^{99}Mo/^{99m}Tc ジェネレータから得られる過テクネチウム酸ナトリウム（Na^{99m}TcO$_4$）のテクネチウム原子は，取り得る最大の酸化数 +7 価であり，化学的に安定で反応しにくい．そのため，**塩化第一スズ**により還元し，+3 価から +5 価にして標識したい化合物と反応させる．

4.1.6 タンパク質のヨウ素標識法

直接法と間接法がある．直接法は，タンパク質のアミノ酸残基に放射性ヨウ化ナトリウムと酸化剤を用いて放射性ヨウ素を直接導入する方法である．間接法は，^{125}I で標識されたボルトンハンター試薬を介して ^{125}I を間接的にタンパク質中のアミノ基に結合させる方法である．

(1) 直接標識法

^{125}I，^{131}I，^{123}I が標識核種として汎用される．これらの放射性ヨウ化ナトリウムが標識の出発物質として用いられる．放射性ヨウ化物イオンを酸化剤で放射性ヨウ素イオン I$^+$ とし，タンパク質中のチロシン残基，ヒスチジン残基，システイン残基に導入する．放射性ヨウ素イオン I$^+$ は，求電子試薬として働くため，フェノール基では2ヶ所のオルト位に，イミダゾリル基では3-位と5-位の炭素原子に芳香族求電子置換反応で2ヶ所まで導入できる．酸化剤の酸化力は，**クロラミン T** が強く，**ヨードゲン**，**ラクトパーオキシダーゼ**はそれに比べて穏やかである．

Cl
SO_2N^-　$\cdot 3H_2O$
Na^+
CH_3

O
Cl–N　N–Cl
Cl–N　N–Cl
O

クロラミンT　　　ヨードゲン

a　クロラミンT法

酸化剤にクロラミンTを用いた最もよく用いられる方法である．酸化力が強いため標識したいタンパク質の変性や失活が起こることがある．それを防ぐために氷冷するなどして反応速度を緩やかにすることがある．反応停止には，チオ硫酸ナトリウムなどの還元剤を用いる．

^{125}I
HO–C_6H_3–CH_2–CH(H)–COOH（NH_2）
モノヨードチロシン

HO–C_6H_4–CH_2–CH(H)–COOH（NH_2）　+　$^{125}I^+$

^{125}I
HO–C_6H_2–CH_2–CH(H)–COOH（NH_2）
^{125}I
ジヨードチロシン

O
–C–NH–CH–CH_2–C═CH
C　N　NH
O　C
NH　H

($^{125}I^-$/クロラミンT)

O
–C–NH–CH–CH_2–C═C–^{125}I
C　N　NH
O　C
NH　H

b　ヨードゲン法

酸化剤であるヨードゲンを反応容器の内壁にコーティングし，反応溶液中のタンパク質を接触させることで穏やかに標識を行うことができる．ヨードゲンが水に溶けないことを利用している．反応停止は，反応溶液を容器から出すことで行う．クロラミンT法と比較して標識率や比放射能が低いことが多い．

c　ラクトパーオキシダーゼ法

ラクトパーオキシダーゼは，過酸化水素の存在下で酸化酵素として働く．反応液は，中性でクロラミンTより穏やかに働くため標識したいタンパク質の変性が起きにくい．クロラミンT法と比較して標識率や比放射能が低いことが多い．

(2)　間接標識法

a　ボルトンハンター法

タンパク質にチロシンやヒスチジン等が含まれない場合や何らかの理由で標識できない場合は，N末端のアミノ基やリジン残基に ^{125}I が結合したボルトンハンター試薬（コハク酸イミドエステル誘導体）で標識する方法がある．これをボルトンハンター法という．クロラミンT法と比較して反応に時間を要し，比放射能が低い．

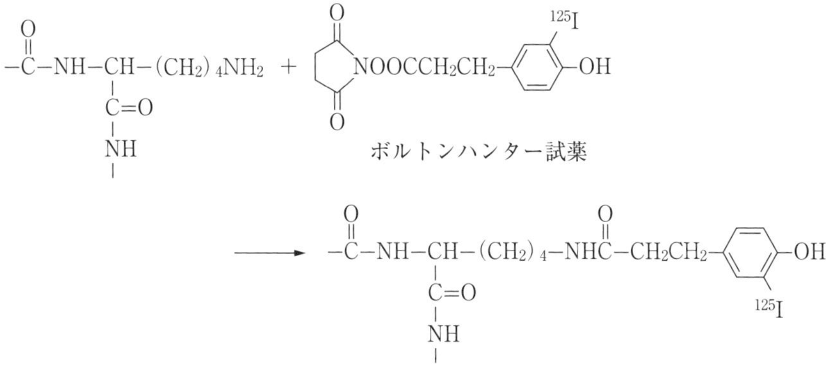

$$-\overset{\displaystyle O}{\overset{\|}{C}}-NH-\underset{\underset{\displaystyle NH}{|}}{\underset{C=O}{\underset{|}{CH}}}-(CH_2)_4NH_2 \quad + \quad \text{(succinimide)}NOOCCH_2CH_2-C_6H_3(^{125}I)-OH$$

ボルトンハンター試薬

$$\longrightarrow \quad -\overset{\displaystyle O}{\overset{\|}{C}}-NH-\underset{\underset{\displaystyle NH}{|}}{\underset{C=O}{\underset{|}{CH}}}-(CH_2)_4-NH\overset{\displaystyle O}{\overset{\|}{C}}-CH_2CH_2-C_6H_3(^{125}I)-OH$$

4.1.7　標識率の確認法

標識を行ったときに目的とする化合物以外にもその放射性核種がいくつかの異なる化学型で反応混合物中に存在するときに，目的化合物の標識に使われた放射能のその核種の全放射能に対する割合を標識率という．

$$\text{標識率}=\frac{[\text{目的化合物に見出される放射能}]}{[\text{その核種の全放射能}]}\times 100\ [\%]$$

標識率は，放射化学的純度の測定と同じ方法で行い，各種のクロマトグラフィが有用である．標識化合物が揮発性でなければ**ペーパークロマトフラフィ**または**薄層クロマトグラフィ**が利用される．図4.3に示すように，放射能の検出にはクロマトスキャナを用いるか，展開したろ紙を一定の間隔で細く切り取り，それぞれの切片を適切な計測器で計測する．放射能強度を棒グラフで描けばクロマトグラムになる．また，オートラジオグラフィも検出に利用できる．

さらに，ラジオガスクロマトグラフィや高速液体クロマトグラフィなどがある．ラジオガスクロマトグラフィはシリカゲルなどの吸着剤を充填して加熱したカラムに窒素，ヘリウムなどの不活性な気体を流体として流し揮発性の試料を注入し分離する方法である．高速液体クロマトグラフィは，代表的な固定相としてシリカC18を充填し，移動相として水/メタノール系の溶媒をポンプを用いて高速で通過させ試料を分離する方法である．

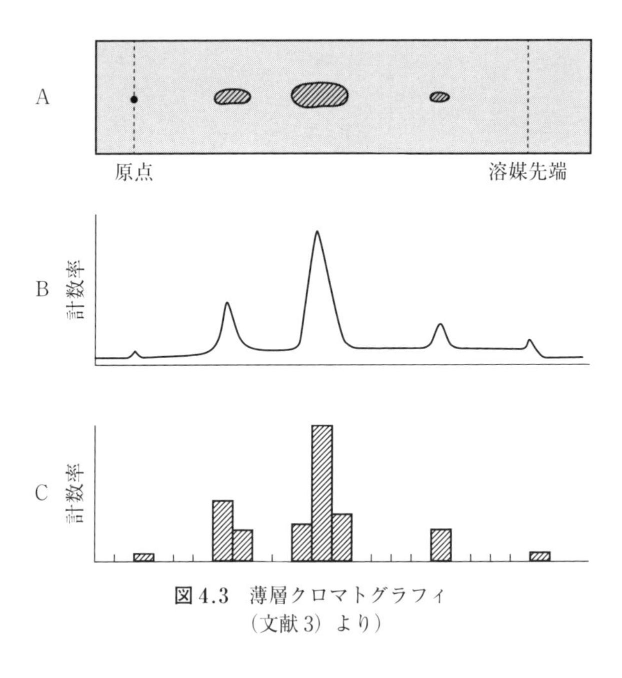

図4.3　薄層クロマトグラフィ
（文献3）より）

4.2 標識化合物の純度

標識化合物の純度は，放射能に関する純度ならびに，含有している非放射性化合物に対する純度に分けられる．

放射能に関する純度は，放射性核種純度および放射化学的純度がある．放射性核種純度は，標識に用いられたものとは異なる放射性同位元素の混在に関する純度であり，放射化学的純度は，同じ放射性同位元素で標識された異種化合物の混在に関する純度である．

非放射性化合物に関する純度試験は一般の医薬品と同様の手法で実施されるが，微量であるため特別な手法が用いられることが多い．

4.2.1 放射性核種純度

放射性核種純度は，溶液中の全放射性核種の放射能に対する目的の放射性核種の割合を表す．

目的放射性核種以外の放射性核種の混入は，放射性核種製造過程よって生じる核反応副生成物が関与しており

① 核反応のターゲット内の不純物の放射化

② ターゲット容器の放射化およびスパッタリング現象（金属のはじき出し）

③ 分離精製過程における分離性不良

④ ^{99}Moからミルキングしたときの $^{99m}TcO_4^-$ 溶液中へ ^{99}Mo 混入

等が考えられる．

混入した放射性同位元素の半減期が目的とする放射性同位元素の半減期よりも短い場合，放射性核種純度は時間とともに上昇するが，逆の場合には時間とともに低下し，品質低下の原因となる．

放射性核種純度は以下の式（4.1）で計算される．

$$\text{放射性核種純度} = \frac{[\text{着目する放射性核種の放射能}]}{[\text{全放射能}]} \times 100\ [\%] \quad (4.1)$$

ここで，検定法：半減期の測定，β 線のエネルギー測定，γ 線スペクトロメトリ．

4.2.2　放射化学的純度

標識化合物をトレーサとして使用するときにはその純度が高いことが最も重要である．したがって，標識化合物を合成する場合，放射化学純度，比放射能，放射能濃度の高いものを得る必要があり，放射性化合物溶液およびその固体等では，同じ放射性核種で標識された異種の化合物（放射化学的異物）の存在は，診断の精度を低下させるばかりか，標的組織以外に無用の被ばくを与える．

標識化合物の純度は

① 化学物質としての純度（化学純度）

② 全放射能に対する目的の放射性核種の割合（放射性核種純度）

③ ある放射性核種の全放射能に対する目的の化学形の放射性核種の割合（放射化学的純度）（式（4.2））

を考慮しなければならない．

$$\text{放射化学的純度} = \frac{[\text{特定の化学形の放射能}]}{[\text{その容液の全放射能}]} \times 100\,[\%] \qquad (4.2)$$

ここで，検定法：各種クロマトグラフィ（ろ紙，薄層，高速液体），電気泳動，同位体希釈分析逆希釈法．

放射化学的純度95%とは，この溶液の放射能の95%が特定の化学系の放射性核種で占められていることを表す．

$^{131}I^-$の場合，$^{131}I^-$，$^{131}I_2$および$^{131}IO_3^-$は化学形が異なる．$^{131}I^-$溶液に$^{131}I_2$および$^{131}IO_3^-$が混在しているとき，これら2種化学形の存在が放射化学的純度を低下させる要因となる．

放射化学的純度を低下させる原因は

① 原料物質中の不純物の存在

② 標識反応中に生成した副反応生成物

③ 標識化合物の分解物

などが考えられる．

^{99m}Tc標識放射性医薬品では，未還元の$^{99m}TcO_4^-$や加水分解物の^{99m}Tcコロイド，キレート反応副生成物などが放射化学的異物に相当し，総放射能に対す

る放射化学的異物の許容される割合が規定されている.

放射化学的純度検定は

① ろ紙クロマトグラフィ

② 電気泳動法

③ ガスクロマトグラフィ

④ 高速液体クロマトグラフィ

⑤ 同位体希釈法

等が用いられている.

標識率は,放射化学的純度と同義であり,全体の放射能に対する目的の標識化合物の放射能の割合を表す.

4.2.3 化学的純度

放射性薬剤は注射液として用いられることから,薬剤の非放射性異物の混入には十分な注意が必要であり,異物(異種化合物,分解物,重金属)の検出法が規定されている.

ミルキングで得られた $^{99m}TcO_4^-$ 注射液は,アルミナカラムからのアルミニウムイオン混入の可能性が高い.このため,$^{99m}TcO_4^-$ ナトリウム注射液の検定項目にアルミニウムの量が規定されている.

放射性核種純度は以下の式(4.3)で計算される.

$$\text{化学的純度} = \frac{[\text{着目している放射性核種の量}]}{[\text{全体量}]} \times 100\,[\%] \qquad (4.3)$$

ここで,検定法:物理定数の測定,分光学的手法.

4.2.4 分解(安定性)

標識化合物を長時間保存した場合,標識化合物が分解し,放射化学的不純物が生成することがある.

この現象には

① 標識化合物内の放射性核種が放出する放射線が直接的に結合を切断する場合(1次内部分解・1次外部分解)

② 放射線が溶媒分子を電離・励起して間接的に生成するラジカルなどが標

識化合物の結合を切断する（2次分解）

③ 化学的分解・微生物による分解

がある．

標識化合物の分解は，線エネルギー付与の大きい放射性核種や保存中の酸素の存在比が高い場合には分解が促進される．一般的に，比放射能の高い標識化合物ほど分解されやすい．

標識化合物を長時間放置した場合，自己放射線分解を起こすことがある．したがって，標識化合物を使用する直前に化学純度と放射化学純度を再検証する必要がある．標識化合物の分解は核種のエネルギーには依存することはなく，吸収エネルギーに依存する．すなわち，飛程の短いβ線核種の化合物や比放射能が高いものほど分解されやすい．

トリチウム標識化合物（特にアミノ酸，炭水化物）は分解しやすく，^{14}C，^{35}Sの標識化合物も注意が必要である．

表4.1に標識化合物分解の原因と抑制法を示す．

一次内部分解：放射性壊変による分解

放射壊変に伴って原子番号が変わるため，化学結合状態が変化して化合物が分解する．

β^-壊変すると^{14}Cは$^{14}N^+$，^{35}Sは$^{35}Cl^+$，^{36}Clは$^{36}Ar^+$，^{32}Pは$^{32}S^+$，^{125}Iは$^{125}Te^+$となる．このため，化学結合が変化し，分子分解が起こる．

一次外部分解：直接作用による分解

標識に使用された放射性核種の放射線で標識化合物が分解する．すなわち，

表4.1 放射線標識化合物の分解様式に対する原因と抑制法

分解様式	原因	抑制法
一次内部分解	放射性核種の壊変	なし
一次外部分解	放射線による 化合物分子の直接破壊	放射性化合物溶液の希釈
二次分解	ラジカルなどとの 相互作用（間接）	放射性化合物溶液の希釈 溶液の脱気や窒素置換 低温保存 ラジカルスカベンジャの添加
化学的分解および 微生物による分解	熱力学的不安定性 保存環境の不適正	低温保存 環境の適正化

放射性壊変で放出された放射線エネルギーが分子に吸収されて分子が分解することから，直接作用による分解といわれる．

β^- 粒子が標識化合物に直接作用して標識化合物を分解し，分子のフラグメントやフリーラジカルが生成する．

二次分解：間接作用による分解

一次外部分解で生成したイオンや励起化学種，フリーラジカルによる間接的分解であり，放射化学純度や化学純度が低下し，標識位置が変化する．

間接作用による分解は，ある時間が経過したのち急激に増大することが多い．^{3}H 化合物は最も分解しやすく，^{14}C 化合物，^{35}S 化合物ではアミノ酸や炭水化物が分解しやすい．放射性壊変や放射線分解で生成するフリーラジカルの数は，標識化合物の比放射能，放射線のエネルギー，溶媒中の濃度に比例する．

化学的分解：

化学反応による分解であり，抑制するためには低温保存，容器の洗浄，不純物の除去を行う．

自己分解の抑制：自己分解を防ぐ対策としては

① 標識していない同じ化合物を加えて，比放射能を低くする．

② 低温に保存する（一般に −40℃度以下）．

凍結によって標識化合物の密度が高くなり，放射線分解を促進する場合もある．トリチウム標識化合物・アミノ酸 2℃で保存，ベンゼン溶液 5～10℃で保存．

③ フリーラジカルスカベンジャーの捕捉剤として 2%エタノール，ギ酸エチル，ベンジルアルコールを加える．

等が挙げられる．

表 4.2 に標識化合物の分解様式とその対策例を示す．

表 4.2　標識化合物の分解様式とその対策法

酸化反応による分解	脱酵素，低温保存
加水分解反応	脱水，低温保存
光酸化反応	遮光，低温保存
微生物	殺菌剤，低温保存

表 4.3　標識化合物の保管対策

対　策	備　考
1　放射能濃度を低くする	希薄溶液にしたり，不活性な物質の表面に分散させる
2　比放射能を低くする	^{14}C 化合物では 2×10^{11} Bq/mol 以上にすると分解しやすなる
3　少しずつ分けて保管	放射線による相互の影響を避ける
4　高エネルギー β および γ 放出体は一緒に置かない	
5　放射線分解が起こりにくい溶媒で希釈	
6　ラジカルスカベンジャーの添加もしくは溶解	標識化合物が放射線化学反応で生成する遊離基を捕捉するラジカルスカベンジャーと反応しない場合
7　純粋状態で保管	低濃度，微量で，加水分解，酸化，光，微生物などの影響を受けやすい．不純物無しが望ましい．
8　低温で保管	有機物は低温で安定．^{3}H 化合物の水溶液を除く．

4.3　保　　存

標識化合物の保存は分解抑制に注意を払う必要がある．^{3}H，^{14}C，^{35}S，^{32}P，^{89}Sr，^{90}Y 等の β 線放出核種で標識されている化合物は，β 線の影響によって分解しやすいことから，標識化合物の安定性および最適保存条件について十分に理解しなければならない（表 4.3）．

放射性壊変による分解抑制には，適切な溶媒による標識化合物溶液の希釈が有効である．標識化合物は，酸素の存在比が高いほど分解が促進されるため，溶液を脱気あるいは窒素などで置換して低温にて保存する．ラジカル反応の進行による標識化合物の分解抑制には，ラジカルスカベンジャーであるエタノール，ベンゼンなどを加える（2%程度）．ただし，^{3}H 標識化合物の場合は，凍結保存で分解速度が上昇する．

4.3.1 貯蔵容器

放射性化合物の保存では，放射線からの遮へいが重要である．エネルギーの低い β^- 線や α 線放出核種を含む化合物は，薄プラスチック容器で十分であり，γ 線核種の場合は，そのエネルギーに応じた鉛容器に保存する．また ^{32}P のような高エネルギーの β^- 線放出核種では，低原子番号組成を有するプラスチック容器等に保存し，制動放射の確率を下げるとともに，周囲を鉛容器で覆うことによって，制動X線を遮へいする．

貯蔵容器は

① 放射性核種を直接入れる内容器

② 内容器の破損などの万一の場合に安全を確保するための外容器

③ 遮へいのための遮へい容器

に分けられる．

内容器はガラス容器，プラスチック容器が広く利用され，貯蔵する物質との化学反応性，気密性，温度変化に対する耐性によって選択される．気体状の物質の場合には金属容器も使用される．

外容器は気密性を保つために，デシケータや気密性のプラスチックケースを用いて，機械的な衝撃に耐えるためにプラスチックケースや金属容器を用いる．外容器は内容器の破損防止，放射性同位元素の散逸を防止するために，衝撃防止材，吸収材を入れる．

遮へい容器は，内容器や外容器だけでは放射線の遮へいが十分でない場合に使用する．γ 線や制動放射線を遮へいするためには鉛容器，β 線の遮へいのためにはプラスチック容器が用いられる．

演習問題

4.1 正しいのはどれか．

1. ペーパークロマトグラフィで標識率を算出する．
2. ^{99m}Tc 標識用バイアルには還元剤が封入されている．
3. 化学的合成法は比放射能が低い標識化合物が得られる．
4. ^{14}C 標識化合物の合成にはウイルツバッハ法を用いる．

5.　放射性ヨウ素を標識する間接法にクロラミンT法がある.

4.2　関係ない組合せはどれか.

1.　分配係数 ——————— 溶媒抽出法
2.　反跳効果 ——————— Szilard-Chalmers〈ジラード・チャルマー〉法
3.　^{14}C標識化合物の合成 —— Grignard反応
4.　放射化学的純度の検定 —— 薄層クロマトグラフィ
5.　蛋白質の放射性ヨウ素の標識法 ————— Wilzbach法

4.3　^{14}C標識化合物の合成法はどれか. 2つ選べ.

1.　ウイルツバッハ（Wilzbach）法
2.　化学合成法
3.　生合成法
4.　ホットアトム法
5.　ラジオコロイド法

4.4　標識化合物と合成法の組合せで誤っているのはどれか.

1.　^{3}H標識化合物 ————— Grignard〈グルニヤール〉反応
2.　^{14}C標識化合物 ————— 生合成法
3.　^{18}F標識化合物 ————— 間接標識法
4.　^{99m}Tc標識化合物 ———— スズ還元法
5.　^{125}I標識化合物 ————— Bolton-Hunter〈ボルトン・ハンター〉法

4.5　^{3}H標識化合物の合成法で正しいのはどれか.

1.　クロラミンT法
2.　ペーパーディスク法
3.　ラクトパーオキシダーゼ法
4.　Wilzbach〈ウイルツバッハ〉法
5.　Bolton-Hunter〈ボルトン・ハンター〉法

4.6　蛋白質の放射性ヨウ素の間接標識法はどれか.

1.　Wilzbach〈ウイルツバッハ〉法
2.　ヨードゲン法
3.　クロラミンT法
4.　Bolton-Hunter〈ボルトン・ハンター〉法
5.　ラクトパーオキシダーゼ法

4.7　蛋白質の放射性ヨウ素標識法はどれか．2つ選べ．

1．アマルガム交換法
2．ラジオコロイド法
3．ウイルツバッハ法
4．ボルトンハンター法
5．ラクトパーオキシダーゼ法

4.8　放射化学的純度の測定に用いられるのはどれか．2つ選べ．

1．電気泳動法
2．放射化分析法
3．逆希釈分析法
4．直接希釈分析法
5．エネルギー分析法

4.9　標識化合物について正しいのはどれか．

1．標識率は放射性核種純度と同義である．
2．標識化合物の純度検定では化学的純度と放射化学的純度を調べる．
3．一度検定された標識化合物は安定なので放射化学的不純物を含むことはない．
4．放射性核種純度は指定の化学形で存在する放射性核種がその物質の全放射能に占める割合である．
5．放射化学的純度は化学形と無関係に着目する放射性核種の放射能がその物質の全放射能に占める割合である．

4.10　PET 薬剤の放射化学的純度の検定に用いるのはどれか．

1．ホットアトム法
2．クロラミンＴ法
3．トリチウムガス接触法
4．高速液体クロマトグラフィ
5．ラクトパーオキシダーゼ法

4.11　放射性標識化合物の分解で正しいのはどれか．2つ選べ．

1．放射線分解は比放射能に依存しない．
2．α 線は β 線よりも放射線分解を起こしやすい．
3．ラジカルが生成されると放射線分解が抑制される．
4．小分けして保存することで放射線分解を低減できる．

5.　低温で保存するよりも常温で保存する方が放射線分解は起こりにくい.

4.12　標識化合物の放射性核種純度の検定に用いるのはどれか.

1.　PIXE法
2.　電気泳動法
3.　γ線スペクトロメトリ
4.　オートラジオグラフィ法
5.　薄層クロマトグラフィ法

〈参考文献〉

1）財団法人日本アイソトープ協会：改訂3版 アイソトープ便覧，p.84，丸善，1995
2）井戸ほか：Radioisotopes, 28, 648, 1979
3）小嶋正治，杉井篤，久保寺昭子：放射化学・放射薬品学 改訂第2版，p.197，南江堂，1990
4）D. D. Patton：The Journal of Nuclear Medicine, 44, 1362-1365, 2003
5）佐治英郎，前田 稔，小島周二 編：新放射化学 放射性医薬品学，改定第4版，南江堂，2019
6）大久保恭二，小島周二編：薬学テキストシリーズ 放射化学・放射性医薬品学，第3刷，朝倉書店，2013
7）東静香，久保直樹 編：放射線技術科学シリーズ 放射化学 改訂第3版，オーム社，2018
8）福士政広編：放射線技師スリムベーシック3 放射化学，改訂第2版，メディカルビュー社，2019
9）柴田徳思編：放射線概論 第10版，通商産業研究社，2018

5 放射性核種の化学的利用

放射性核種を利用した化学分析は，古くからさまざまな分野で行われ，科学の発展に大きく貢献してきた．放射性核種の種類は豊富で，放射線も高感度に測定ができるため，自然科学分野に留まらず，医療や環境，考古学などに至るまで広く利用されている．これらの放射性核種を用いた分析法は，沈殿反応を利用したものや比放射能の違いを利用したもの，核反応により放射性核種を生成させて分析を行うもの，放射性核種を**トレーサ**として利用するものなど，多岐にわたる．本章では，これらの分析法の原理や特徴について述べる．

5.1 化学分析への利用

5.1.1 放射化学分析法

放射性核種を含む環境試料などの分析試料中の放射能を測定して，その核種の種類や量などを分析する方法を**放射化学分析法**（radiochemical analysis）と呼ぶ．試料から放出される放射線は，高感度に検出できるため，微量（10^{-12} g 程度）でも分析が可能である．また，分析試料に高い化学的純度は要求されず，非放射性の不純物が含まれていても分析が可能である．高純度 Ge 半導体検出器などによる γ 線スペクトロメトリーで目的の放射性核種の放射能のみを測定できる場合は，放射性核種を弁別して測定できるので放射性核種純度が高くなくてもよい．近年では，天然に存在する放射性核種（ウラン，トリウム，ラジウム，ラドンなど）の地質学や考古学に関する分析だけでなく，核実験や原子力発電所の事故などによる放射性降下物（フォールアウト）の分析などにも使用されている．

ここで放射化学分析法の一例として，表層土壌の放射能濃度，沈着量を求める際の前処理法と算出方法について紹介する．（以下，放射能測定シリーズNo.24「緊急時におけるγ線スペクトロメトリーのための試料前処理法」原子力規制委員会より一部抜粋）[1]

(1)　表層土壌試料搬入時の注意点

① 被ばく及び汚染を防止する観点から，作業者は使い捨ての手袋及び白衣を着用する．

② 試料の採取場所，採取日，採取条件等を確認し，試料に識別する番号を付与する．

③ サーベイメータを試料にできるだけ近づけて測定し，放射線レベルを確認する．試料の供試量及び放射線レベルから，ゲルマニウム半導体検出器で測定した場合のデッドタイムを予想し，できるだけ10％程度以下になるよう試料量を調節する．

④ サーベイメータでの測定結果から試料の汚染状況を把握し，放射線レベルが高い場合にはレベルの低い他の試料と区別して保管することや，作業者の被ばく防止のため試料を取り扱う時間を管理することなど，適切な措置をとる．

(2)　表層土壌試料の前処理法における留意事項

① 相互汚染防止のため，試料搬入時のサーベイメータでの測定結果を参考にして，前処理作業を行う試料の順番を事前に決めておく．

② 放射線レベルの高い試料を取り扱う際には，試料を取り扱う時間を可能な限り短縮できるよう，事前に作業者間で作業手順等について確認する．

③ 作業開始前に，室内（床，作業台等）の養生を行う．

④ 養生した作業台の上にビニールシートを敷き，その上に大型ろ紙を載せ，試料ごとに作業を行う．

⑤ 試料からの汚染を拡大させないため，試料に直接触るホット作業と直接触らないコールド作業とを区別して，可能な限り，作業者と作業台を

別々にすることが望ましい．

(3) 表層土壌の測定容器への充填

① 搬入された試料の重量を測定し，記録する．

② 混入している大きな草木，根，石礫等は取り除く．（図 5.1）

③ 試料の入っている袋の上から十分に攪拌し，よく混合する．（図 5.2）

④ 小型容器に，試料を識別する番号等のデータを記入又は添付した後，小型容器の風袋重量を測り，記録する．

⑤ 均質性に留意しながら，薬さじを用いて，試料を小型容器内に隙間なく

図 5.1 異物の除去[1)]

図 5.2 試料の攪拌・混合[1)]

図 5.3　小型容器への試料の充填[1)]

詰める.（図 5.3）

⑥　試料の表面を軽く圧縮し，水平にならす.

⑦　小型容器に蓋をして，試料の高さを測り，記録する.

⑧　容器の外側を，純水，エタノール等で湿らせたペーパータオルでよく拭き取る.

注）水分量が多い土壌の場合は，水分を除去し乾土率（湿土重量に対する乾土重量の比率）を算出する必要がある.

(4)　沈着量の算出法

高純度ゲルマニウム半導体検出器によって放射能を測定後，次の式により，1 m^2 当たりの沈着量を算出する．なお，採取面積が必要となるため，試料搬入時に確認しておく必要がある.

$$A_s \pm \Delta A_s = (A_w \pm \Delta A_w) \times W \times \frac{1}{S} \times 10^4$$

ここに，A_s：1 m^2 当たりの沈着量［Bq/m^2］

ΔA_s：A_s の計数統計に基づく不確かさ

A_w：試料 1 kg 当たりの放射能濃度［Bq/kg］

ΔA_w：A_w の計数統計に基づく不確かさ

W：採取試料重量［kg］

S：採取面積［cm^2］.

5.1.2　放射分析法

目的の物質と定量的に反応する放射性標識化合物を用いて，その反応によって得られた反応生成物（沈殿物）または，未反応の上澄みの放射能から目的の元素や化合物を定量する分析手法を**放射分析法**（radiometric analysis）と呼ぶ．目的の物質と放射性標識化合物との反応生成物（沈殿物）の放射能を直接測定して目的の物質を定量する方法を**直接法**と呼び，添加した放射性標識化合物の放射能と未反応の上澄みの放射能との差から目的の物質を定量する方法を**間接法**と呼ぶ．図 5.4 に直接法と間接法の概要を示す．

その他に，目的の物質または目的の物質と定量的に反応する放射性標識化合物のどちらかを少しずつ滴下して，滴下した目的の物質または放射性標識化合物の量と上澄みの溶液中の放射能との関係（滴定曲線）から目的の物質を定量する**放射滴定法**（radiometric titration method）がある．

図 5.5（a），（b），（c）に放射滴定法の原理を示す．滴定曲線の傾向は，①目的の物質が非放射性で滴定試薬が放射性標識化合物のとき②目的の物質が放射性で滴定試薬が非放射性標識化合物のとき③目的の物質および滴定試薬のど

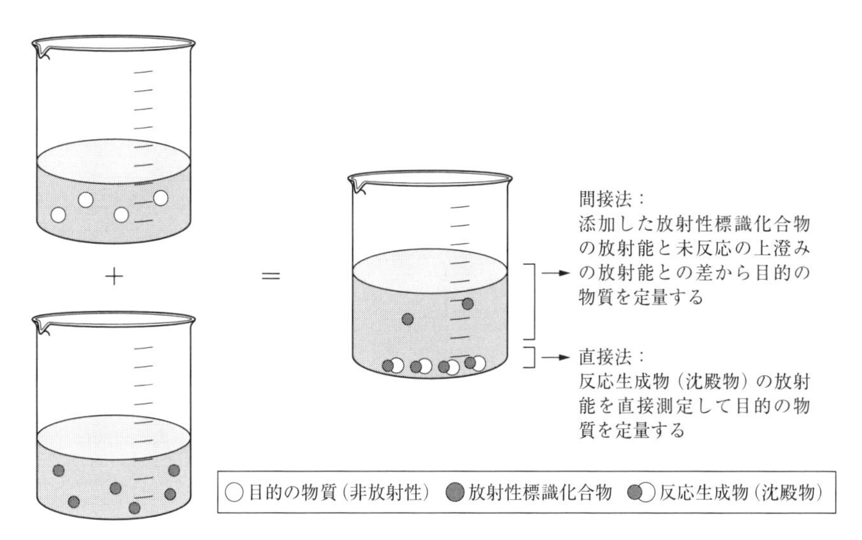

図 5.4　直接法と間接法の概要

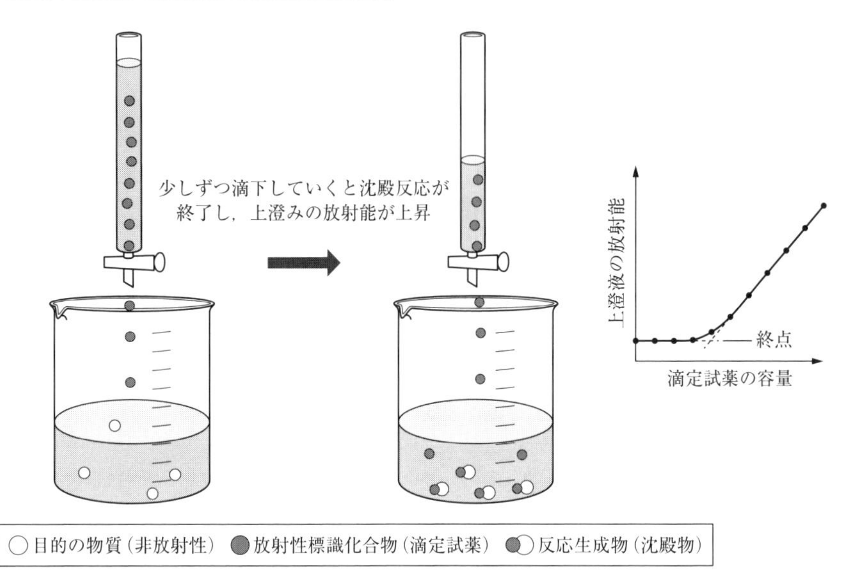

図5.5（a）　放射滴定法の原理

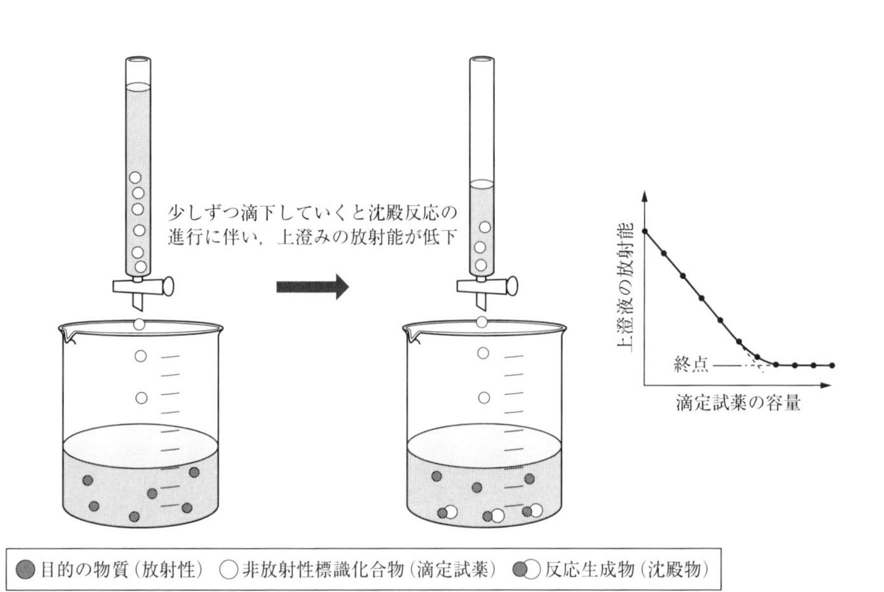

図5.5（b）　放射滴定法の原理

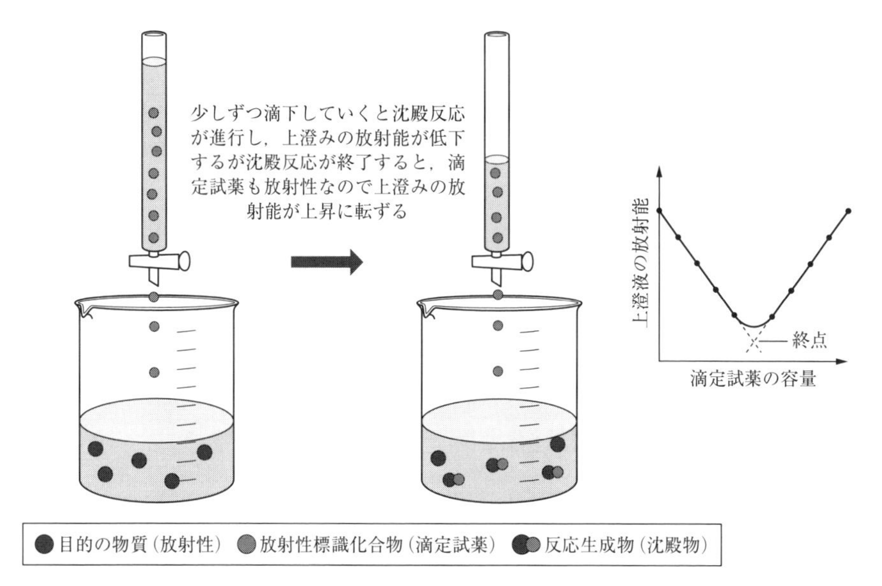

図 5.5 (c) 放射滴定法の原理

ちらも放射性のとき，で大きく異なる．

①の場合，沈殿反応が終了するまでは放射性試薬を加えても上澄みの放射能は変化しない．沈殿反応が終了すると，滴定試薬の添加量に比例して上澄みの放射能も上昇する．この傾きと上澄みの放射能のバックグランドの交点（終点）から反応した放射性標識化合物の容量を知ることができるため，目的の物質を定量することができる．

②の場合，上澄みに溶解している放射性物質は，非放射性標識化合物の滴下により沈殿反応が進行する．この反応が終了するまで滴下量の増加とともに上澄みの放射能は低下する．反応終了後は非放射性標識化合物を滴下しても放射能は一定の値をとるため，滴下量に反比例して低下する放射能の傾きと，この値から反応した非放射性標識化合物の容量を知ることができるため，目的の物質を定量することができる．

③の場合，沈殿反応が終了するまでは②と同様の傾向を示し，滴下量の増加とともに上澄みの放射能は低下する．しかし，反応終了後は，滴定試薬も放射性であるため未反応の滴定試薬が上澄みに溜まり，放射能が上昇する．その結

表 5.1　主な沈殿反応と滴定条件[2)]

定量成分	滴定試薬	沈殿の組成	滴定条件（指示薬，pH）	備　考
Cl^-	$AgNO_3$	AgCl	$CrCO_4^{2-}$，6～10	Mohr 法
Cl^-, Br^-, I^-	〃	AgX	フルオレセイン，7～10	Eajans 法
Cl^-, Br^-, I^-	〃	AgX	ジクロロフルオレセイン，4～10	
Br^-, I^-	〃	AgX	エオシン，2～10	
Cl^-, Br^-, I^-	$Hg(NO_3)_2$	HgX_2	ジフェニルカルバジド，1.5～2.0 ジフェニルカルバゾン，3.2～3.3	
SCN^-	$AgNO_3$	AgSCN	エオシン，2	
〃	$Hg(NO_3)_2$	$Hg(SCN)_2$	ジフェニルカルバジド，1.5～2.0	
F^-	$Th(NO_3)_4$	ThF_4	ジフェニルカルバゾン，3.2～3.3	
SO_4^{2-}	$Ba(CH_3COO)_2$	$BaSO_4$	アルセナゾⅢ，>3.0	4倍量イソプロピールアルコール添加
K	$NaB(C_6H_5)_4$	$KB(C_6H_5)_4$	チタンイエロー	セフィラミン逆滴定
Ag	Cl^-	AgCl	メチルバイオレット，酸性	
〃	Br^-	AgBr	ローダミン 6G，HNO_3 酸性	Volhard 法
〃	KSCN	AgSCN	Fe^{3-}，HNO_3 酸性	
Hg(Ⅱ)	NaCl	$HgCl_2$	ブロモフェノールブルー，1	Volhard 法
〃	KSCN	$Hg(SCN)_2$	Fe^{3+}，HNO_3 酸性	
Pb(Ⅱ)	K_2CrO_4	$PbCrO_4$	オルソクロムT，0.02 N 酸性-中性	

果，滴定曲線はV字の形となり，それぞれの傾きの交点から反応した放射性標識化合物の容量を知ることができるため，目的の物質を定量することができる．

① 目的の物質が放射性で滴定試薬が非放射性標識化合物のとき（図 5.5(a)）
② 目的の物質が放射性で滴定試薬が非放射性標識化合物のとき（図 5.5(b)）
③ 目的の物質および滴定試薬のどちらも放射性のとき（図 5.5(c)）

これらの放射分析法は，分析試料と放射性標識化合物が定量的に沈殿反応し，沈殿物と上澄みの溶液を遠心分離機などで分離さえできれば，比較的簡単に分析が行える．ただし，半減期の短い核種を含む場合には適さない．ここで，主な沈殿反応と滴定条件について表 5.1 に示す[2)]．定量成分と滴定試薬の反応が基本反応であり，沈殿の溶解度が小さいと反応が終結しやすく，当量点での反応成分の濃度変化も急峻になる.

5.1.3 放射化分析法

非放射性の分析試料に中性子や高速荷電粒子，高エネルギー光子を照射すると種々の核反応により放射性核種が生成する．この核種が放出する放射線の種類やエネルギー，半減期を測定して目的の元素の同定や定量を行う分析法を**放射化分析法**（radioactivation analysis）という．核反応によって生じた放射性核種から放出される放射線のエネルギーや半減期は核種に固有の値をもつため，文献値と比較することで元素を同定できるだけでなく，放射能の測定により定量分析も可能である．γ線スペクトルが測定可能な高純度ゲルマニウム半導体検出器などを用いると複雑な分離操作なしで非破壊に多元素を同時解析することが可能で，検出感度も高く，10^{-11}～10^{-12} g 程度の微量分析も行えるなどの利点がある.

照射する放射線の種類には，中性子が利用されることが多い．電荷をもたない中性子は，クーロン的な反発を受けることなく原子核に容易に近づくことができるため，核反応を起こしやすいからである．特に，熱中性子の（n,γ）反応を用いた**熱中性子放射化分析法**（thermal neutron activation analysis）が利用される．原子炉の熱中性子を用いた熱中性子放射化分析法の代表的なものに微量ランタノイドの定量がある．ランタノイドは，中性子吸収断面積が大きいため微量でも分析が可能であるため，熱中性子放射化分析法に適している．表5.2に熱中性子放射化法によって生成されたランタノイドの放射性核種と半減期およびγ線エネルギーを示す[3)]．試料に熱中性子を照射した後，核反応によって生成された放射性核種のγ線エネルギースペクトルを高純度ゲルマニウム半導体検出器などによって測定し，得られたγ線エネルギーの値とその半減期を表5.2で示した文献値などと比較することで試料に含まれていた元素を同定することができる.

生成放射能から目的の元素の重量を求める場合は，照射時間と生成放射能の関係式を用いる．標的核の原子数をN[個]とし，中性子束密度をf[個·m^{-2}·s^{-1}]，放射化断面積（核反応断面積）をσ[barn (10^{-28}m^2)]とすると，単位照射時間dt当たりに生成する放射性核種の原子数nは

表5.2　熱中性子放射化法によって生成されたランタノイドの放射性核種と半減期および γ 線エネルギー[3)]

核　種	半減期	γ 線エネルギー /keV	核　種	半減期	γ 線エネルギー /keV
^{140}La	40.2 h	328, 490, 819, 1600 など	^{160}Tb	73.0 d	298, 965, 1180, 1272
^{141}Ce	32.5 d	146	^{165}Dy	2.3 h	95
^{147}Nd	11.1 d	90, 530	^{170}Tm	129 d	84
^{143}Sm	47 h	69, 103	^{169}Yb	31 d	177, 198
^{152}Eu	12.5 y	121, 245, 343	^{175}Yb	4.2 d	282, 396
^{153}Gd	236 d	103	^{177}Lu	6.8 d	208

$$n = f\sigma N dt \tag{5.1}$$

となる．ただし，生成した放射性核種の数は時間とともに減少するため，壊変定数を $\lambda\,[\mathrm{s}^{-1}]$ とすると実際に生成された放射性核種の数 dn は

$$dn = f\sigma N dt - \lambda n dt \tag{5.2}$$

となり，照射時間 $t\,[\mathrm{s}^{-1}]$ での生成放射能 A_t は

$$A_t = f\sigma N(1 - e^{-\lambda t}) \tag{5.3}$$

または，生成核種の半減期を T とすると，$\lambda = 0.693/T$ より

$$A_t = f\sigma N\left(1 - e^{-0.693\frac{t}{T}}\right) = f\sigma N\left[1 - \left(\frac{1}{2}\right)^{\frac{t}{T}}\right] \tag{5.4}$$

と表すことができる．ここで，照射時間（単位：半減期）と生成放射能の関係を図5.6に示す[4)]．照射時間 t での生成放射能 A は，放射性核種の生成と生成した放射性核種の壊変の割合が平衡状態となると飽和する．そのため，式(5.3) および式 (5.4) の

$$(1 - e^{-\lambda t}) \quad \text{または} \quad \left(\frac{1}{2}\right)^{\frac{t}{T}}$$

は飽和係数 S と呼ばれている．この S は照射時間が短いときは，λt となるため

$$A_t = f\sigma N\lambda t \tag{5.5}$$

となり，生成放射能は照射時間に比例する．照射時間が長くなると S は，1に近づき

$$A_t = f\sigma N \tag{5.6}$$

となる．

実際に放射能を測定する際には，照射が終了した後に測定するため，照射終

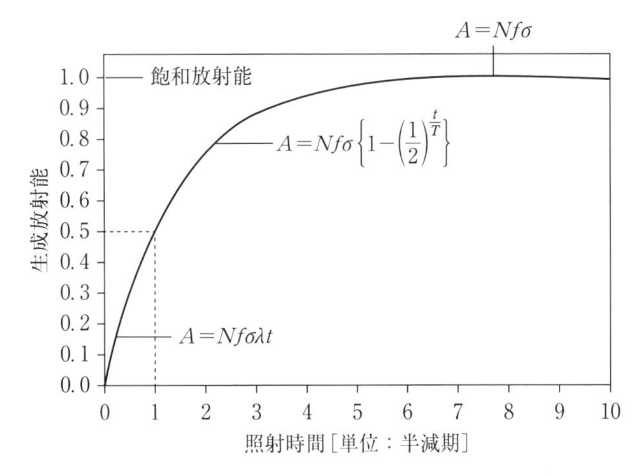

図 5.6　照射時間（単位：半減期）と生成放射能[4)]

了時から測定までの時間に放射能は減衰する．この時間を t_x とすると，t_x 時間経過後の放射能 A_{t_x} は

$$A_{t_x}=A_t e^{-\lambda t_x}=f\sigma N(1-e^{-\lambda t})e^{-\lambda t_x} \tag{5.7}$$

となる．これに，$\lambda=0.693/T$ を代入すると

$$A_{t_x}=f\sigma N\left(1-e^{-0.693\frac{t}{T}}\right)e^{-0.693\frac{t_x}{T}} \tag{5.8}$$

となる．標的核の原子数 N は，原子量を M とし重量を x とすると

$$N=\frac{x\times 6.02\times 10^{23}}{M}$$

なので

$$A_{t_x}=f\sigma\left(\frac{x\times 6.02\times 10^{23}}{M}\right)\left(1-e^{-0.693\frac{t}{T}}\right)e^{-0.693\frac{t_x}{T}} \tag{5.9}$$

となる．目的元素の重量 x 以外は既知であるため，式（5.9）を用いると t_x 時間経過後の放射能 A_{t_x} から目的元素の重量を求めることができる．

また，分析試料に目的外の元素も含まれている場合は，γ 線エネルギースペクトルが測定可能な高純度ゲルマニウム半導体検出器などによって，目的の元素の放射能を選択的に測定する．

その他の放射化分析法には，高エネルギーの中性子を用いた**速中性子放射化分析法**（fast neutron activation analysis）や原子核が中性子を捕獲した直後に

放出する即発 γ 線を利用した**中性子誘発即発 γ 線分析法**（neutron induced prompt γ-ray analysis），サイクロトロンなどの加速器を用いて陽子や重陽子，^{3}He 原子を目的の試料と衝突させて，生じた核反応生成物の放射線の種類やエネルギー，半減期，放射能等を測定して元素を定量する**荷電粒子放射化分析法**（charged particle activation analysis）などがある．

- **放射化分析法の特徴**

長所：非破壊に測定できる
　　　目的試料の化学的性質が問題にならない
　　　複雑な分離操作なしで多元素を同時に解析できる
　　　検出感度が高い（10^{-11}～10^{-12} g 程度の微量分析が可能）

短所：精度が低い
　　　原子炉や加速器などの大型施設が必要である
　　　目的外の元素も放射化し，解析の妨げになる場合がある

5.1.4　粒子線励起 X 線分析法（PIXE 法）

粒子線を物質に照射するとその軌道電子との相互作用により電離や励起が生じる．内殻電子がはじき出されると，その生じた空孔に外殻の電子が遷移し，特性 X 線が発生する．この特性 X 線のエネルギーは，遷移する外殻電子の結合エネルギーと遷移先の円殻電子の結合エネルギーの差に等しく，原子に固有の値をもつ．そのため，特性 X 線のエネルギーと強度を測定することにより目的物質の同定や定量を非破壊で行うことができる．この分析法を**粒子線励起 X 線分析法**（particle induced x-ray emission：PIXE 法）という．また，特性 X 線は蛍光 X 線とも呼ばれ，軌道電子との相互作用を生じる粒子は荷電粒子が主であるため，**荷電粒子励起蛍光 X 線分析法**と呼ばれることもある．使用される粒子の種類としては陽子線が多い．図 5.7 に原理を示す．

PIXE 法と似た分析法に**蛍光 X 線分析法**（x-ray fluorescence spectrometry：XRF）がある．PIXE 法は励起源に荷電粒子線を用いたが，XRF は X 線を励起源とする．PIXE 法と同様に内殻電子がはじき出されると，その生じた空孔に外殻の電子が遷移し，特性 X 線が発生する．原理は，図 5.7 の①の粒子線が X 線に代わったものとして理解してよい．

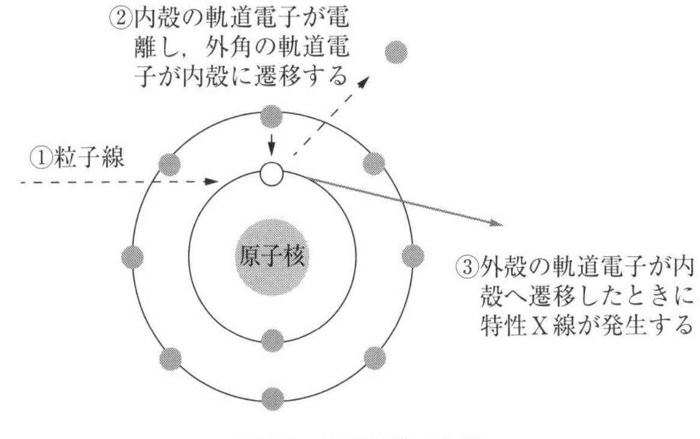

図5.7　PIXE法の原理

5.1.5　同位体希釈分析法

同位体どうしは，同一の原子番号をもち中性子数だけが異なるため，元素としての化学的性質は互いに等しい．この性質を利用した定量法に**同位体希釈分析法**（isotope dilution method）がある．同位体の関係にある目的の物質と標識化合物を混合すると，どちらかが放射性の場合，物質量は増えるが総放射能は変化しない．そのため，試料の混合前後における重量と比放射能の変化を利用すると，試料中の一部から目的の元素や化合物を定量できる．5.1.2項で述べた放射分析法では，目的の物質と標識化合物のすべてを用いて沈殿反応を完全に終了させる必要があり，精度よく定量するためにはその収率を高くする必要があった．一方，同位体希釈分析法では，混合物の一部を採取し，混合前の重量と比放射能の変化から目的の物質を定量することが可能なため，鋭敏に精度の高い分析が行える手法としてさまざまの分野で用いられている．

この同位体希釈分析法は，①**直接希釈法**　②**逆希釈法**　③**二重希釈法**　④**不足当量法**　⑤**同位体（アイソトープ）誘導法**に大別される．

①　**直接希釈法**（direct isotope dilution method）

定量する目的の物質が安定同位体（非放射性）で，標識化合物に放射性同位体を使用した分析法を**直接希釈法**という．概要を図5.8に示す．目的の物質○が含まれている分析試料Aに目的の物質と同一化学形の放射性同位体標識化合物B●を加えて混合する．AとBの混合物Cから目的外の物質◊を取り

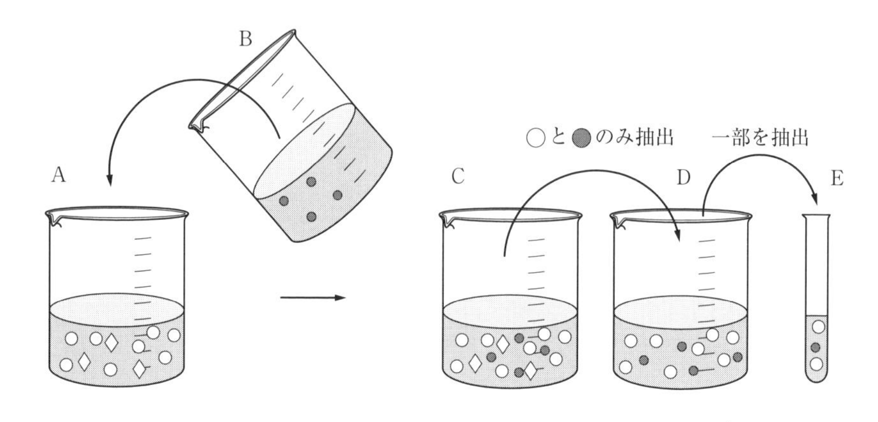

図5.8　直接希釈法

表5.3　直接希釈法の重量と比放射能，放射能の関係

	重量	比放射能	放射能
分析試料 A に含まれる目的物質（安定同位体）	W_x	0	0
加えた放射性同位体標識化合物 B	W_1	S_1	$S_1 \times W_1$
希釈された混合物 D	$W_x + W_1$	S_2	$S_2 \times (W_x + W_1)$

除き，目的の物質とその放射性同位体の混合物 D を準備し，その一部 E を抽出する．分析試料 A に含まれる目的物質の重量を W_x，加えた放射性同位体標識化合物 B の重量と比放射能を W_1，S_1，放射性同位体標識化合物を加えて希釈された混合物の一部 D の重量と比放射能を W_2，S_2 すると，それぞれの重量と比放射能，および放射能の関係は表5.3となる．

混合前の総放射能 $S_1 \times W_1$ と混合後の総放射能 $S_2 \times (W_x + W_1)$ は，等しいので

$$S_1 \times W_1 = S_2 \times (W_x + W_1)$$

が成立する．したがって，目的物質の重量 W_x は

$$W_x = \left(\frac{S_1}{S_2} - 1\right) \times W_1$$

となる．したがって，希釈された混合物Ｄの一部Ｅの比放射能 S_2 を測定すると，加えた放射性同位体標識化合物Ｂの重量 W_1 と比放射能 S_1 は既知であるため，目的物質の重量 W_x を求めることができる．

② **逆希釈法**（reverse isotope dilution method）

定量する目的物質が放射性同位体で，標識化合物に安定同位体を使用した分析法を**逆希釈法**という．概要を図 5.9 に示す．目的の放射性物質 ● が含まれる分析試料Ａに目的物質の安定同位体の標識化合物（非放射性標識化合物）Ｂ ○ を加えて混合する．次に，ＡとＢの混合物Ｃから目的外の物質 ◇ を取り除き，目的物質とその安定同位体の混合物Ｄの一部を抽出する．分析試料Ａに含まれる目的物質の重量と比放射能を W_x, S_1，混合する安定同位体の標識化合物の重量を W_1，標識化合物を加えて希釈された混合物Ｄの重量と比放射能を W_2, S_2 とすると，それぞれの重量と比放射能，および放射能の関係は表 5.4 となる．

混合前の総放射能 $S_1 \times W_x$ と混合後の総放射能 $S_2 \times (W_x + W_1)$ は，等しいので

$$S_1 \times W_x = S_2 \times (W_x + W_1)$$

が成立する．したがって，目的の放射性物質の重量 W_x は

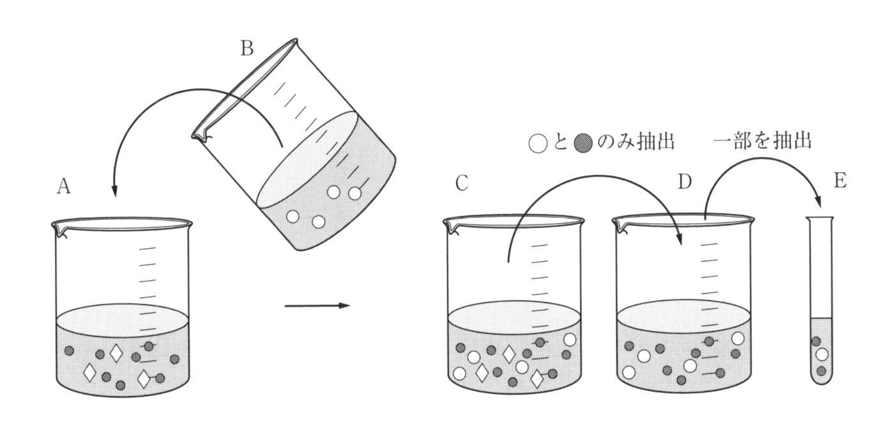

図 5.9 逆希釈法

表 5.4　逆希釈法の重量と比放射能，放射能の関係

	重量	比放射能	放射能
分析試料Aに含まれる目的の放射性物質	W_x	S_1	$S_1 \times W_x$
加えた安定同位体標識化合物B	W_1	0	0
希釈された混合物D	$W_x + W_1$	S_2	$S_2 \times (W_x + W_1)$

$$W_x = \left(\frac{S_2}{S_1 - S_2}\right) \times W_1$$

となる．したがって，希釈された混合物Dの一部Eの比放射能 S_2 を測定すると，加えた安定同位体標識化合物Bの重量 W_1 と分析試料Aに含まれる目的の放射性物質の比放射能 S_1 は既知であるため，目的物質の重量 W_x を求めることができる．

③　**二重希釈法**（double isotope dilution method）

逆希釈法と同じく定量する目的物質が放射性で，標識化合物に安定同位体を使用する．逆希釈法では，目的物質の比放射能は既知であったが，目的の分析試料の重量だけでなく比放射能も未知でも定量できる分析法を**二重希釈法**という．概要を図5.10に示す．目的の放射性物質●が含まれる分析試料Aを二等分し，BとB'に分ける．異なる量の非放射性標識化合物○を加えて混合し，CとC'とする．目的の放射性物質とその安定同位体（非放射性標識化合物）のみを抽出しDとD'を準備する．その一部をそれぞれ抽出してEとE'に取り分ける．目的の放射性物質の重量と比放射能を W_x, S_x，混合する異なる量の非放射性標識化合物非放射性の重量をそれぞれ W_1, W_2，非放射性標識化合物を加えて希釈された2種類の混合物の一部を抽出したEとE'の比放射能をそれぞれ S_1, S_2 とすると，それぞれの重量と比放射能，および放射能の関係は表5.5となる．

混合物Dと混合物D'の放射能の和 $S_1 \times (1/2W_x + W_1) + S_2 \times (1/2W_x + W_2)$ は，それぞれ混合前の総放射能 $S_x \times W_x$ の2分の1に等しいので

$$\begin{cases} \dfrac{S_x \times W_x}{2} = S_1 \times \left(\dfrac{1}{2}W_x + W_1\right) \\ \dfrac{S_x \times W_x}{2} = S_2 \times \left(\dfrac{1}{2}W_x + W_2\right) \end{cases}$$

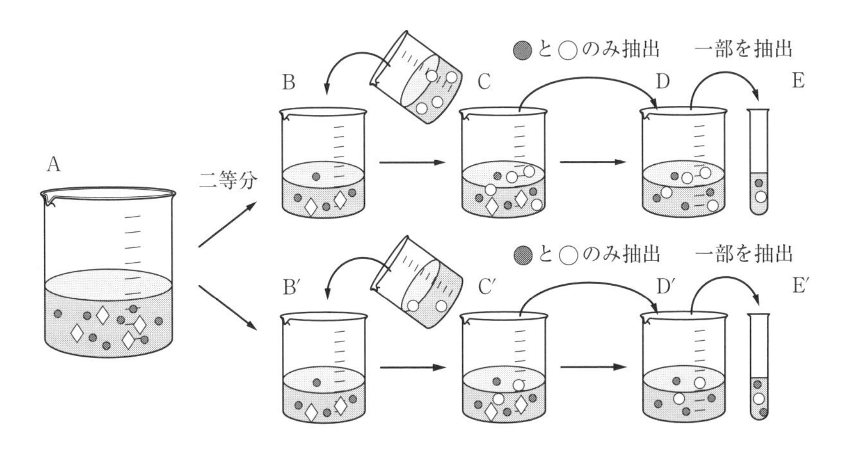

図 5.10　二重希釈法

表 5.5　二重希釈法の重量と比放射能，放射能の関係

	重量	比放射能	放射能
目的物質（放射性同位体）	W_x	S_x	$S_x \times W_x$
B に加えた非放射性標識化合物Ⓑ	W_1	0	0
B'に加えた非放射性標識化合物Ⓑ'	W_2	0	0
希釈された混合物 D	$\frac{1}{2}W_x + W_1$	S_1	$S_1 \times \left(\frac{1}{2}W_x + W_1\right)$
希釈された混合物 D'	$\frac{1}{2}W_x + W_2$	S_2	$S_2 \times \left(\frac{1}{2}W_x + W_2\right)$

が成立する．目的の分析試料の重量 W_x は

$$S_1 \times \left(\frac{1}{2}W_x + W_1\right) = S_2 \times \left(\frac{1}{2}W_x + W_2\right)$$

より

$$W_x = \frac{2(S_2 W_2 - S_1 W_1)}{S_1 - S_2}$$

となる．したがって，E と E' の比放射能は，D と D' の比放射能と等しいため，E と E' の比放射能を測定すると，S_1 と S_2 が得られる．加えた安定同位体標識化合物Ⓑ とⒷ' の重量 W_1 と W_2 は既知であるため，目的の分析試料の重量と比

放射能が未知でも目的物質の重量 W_x を求めることができる.

④　**不足当量法**（substoichiometric dilution method）

不足当量法は，目的の分析試料が安定同位体（非放射性）でも放射同位体のどちらの場合でも重量を測定することなく目的の元素や化合物を定量できる. 直接希釈法を応用した不足当量法の概要を図 5.11 に示す.

目的物質○が安定同位体（非放射性）でその重量 (W_x) を求めるとする. まず，目的物質が含まれる分析試料 A に目的物質と同一化学形の放射性標識化合物 B●と，これらと結合する当量分より少ない量の試薬 C●を分析試料 A に加え混合物 D を準備する. 試薬と反応した物質（◑と●●）のみを取り出し E とし，その放射能 (a_2) を測定する. 次に，これとは別に先ほど加えた分析試料と同一化学形の放射性標識化合物 B●にも当量分より少ない量の試薬 C●を加える. これも先ほどと同様に試薬と反応した物質（●●）のみを取り出し H とする. その放射能 (a_1) を測定すると，それぞれの比放射能は，直接

図 5.11　直接希釈法を応用した不足当量法

希釈法の関係

$$W_x=\left(\frac{S_1}{S_2}-1\right)\times W_1$$

が成り立つので $S_1=a_1/m$ と $S_2=a_2/m$ を上式に代入すると

$$W_x=\left(\frac{a_1}{a_2}-1\right)\times W_1$$

となる．

⑤ **同位体（アイソトープ）誘導法**（isotope derivative method）

直接希釈法の場合，目的の物質が安定同位体（非放射性）なので，目的物質と同一化学形の放射性標識化合物が必要になるが，必ずしも放射性標識化合物が入手できるとは限らない．そのような場合に，目的物質に放射性試薬を結合させて放射性誘導体を作り，放射性標識化合物とし，これの安定同位体を混合させて逆希釈分析法によって定量する分析法を**同位体（アイソトープ）誘導法**という．概要を図 5.12 に示す．

目的の物質 ○ が含まれる分析試料 A に放射性試薬 ● を加え，B とする．B には，放射性誘導体の ○● や ◇● が生成される．ここに，目的物質の放射性誘導体となった ○● の非放射性同位体 ● を加え，C とする．C から目的物質の放射性誘導体 ○● と，その非放射性同位体 ● のみを取り出し D とする．混合物 D の一部を抽出したものを E とする．放射性試薬の添加により，目的物質

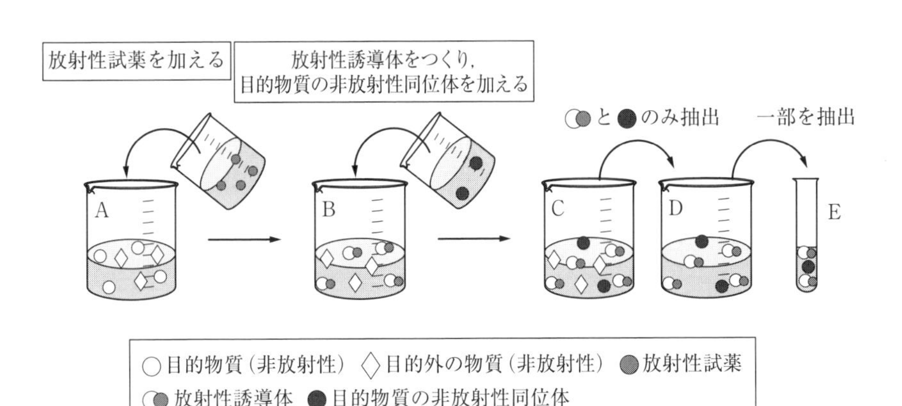

図 5.12 同位体（アイソトープ）誘導法

が放射性誘導体となったため，B以降の過程は逆希釈法と同様となる．

5.2　トレーサ利用

目的の物質を放射性核種で標識すると，そこから放たれる放射線が目印となり，目的物質の挙動を知ることができる．放射線は高感度に検出することができるため，放射性核種は**トレーサ**（**追跡子**）として適しており，化学反応機構の解明だけでなく，病気の診断や生体機構の解明，生物の生態調査にまで幅広く利用されている．このトレーサに求められる性質は，目的物質の化学的な性質に変化を与えないことや，目的の物質と安定して結合すること，放射線の検出が容易であること，などである．5.1.5項で述べた同位体希釈分析法や，医療機関で実施される核医学検査などは，放射性核種をトレーサとした分析・診断法の一つである．

ここでは，自然科学だけでなく，医学，薬学，農学をはじめとする応用科学の分野まで広く利用されている**オートラジオグラフィ**や**アクチバブルトレーサ法**，**ラジオアッセイ法**について概説する．

5.2.1　オートラジオグラフィ（autoradiography）

目的の試料に含まれる放射性核種の分布や集積の度合いをハロゲン化銀の還元作用に伴う黒化現象を利用した**X線フィルム**（**ラジオグラフィックフィルム**）や原子核用写真乳剤が塗布された乾板（**原子核乾板**），または，**輝尽発光**（photo stimulated luminescence：PSL）を利用した**イメージングプレート**（imaging plate：IP）を利用して視覚的に観察，測定する方法を**オートラジオグラフィ**（autoradiography）と呼ぶ．X線フィルムや原子核乾板，または，IPを利用して記録された画像は，**オートラジオグラム**（autoradiogram）と呼ばれる．

(1)　オートラジオグラフィの分類

オートラジオグラフィは，対象物の大きさや用途・手法によって大きく4つに分類されている．

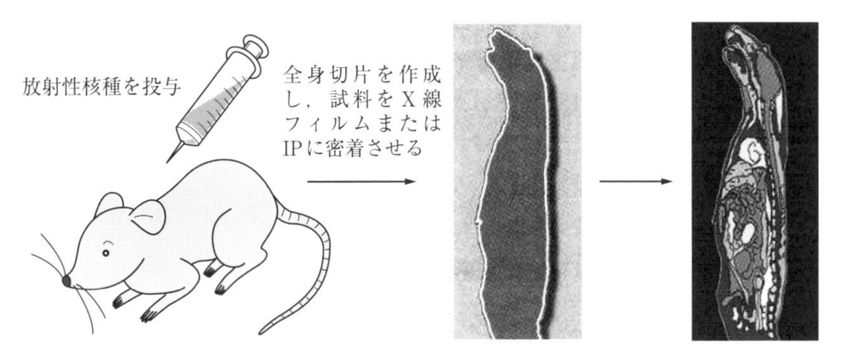

図 5.13 マクロオートラジオグラフィの例[5)]

• **マクロオートラジオグラフィ**

小動物の凍結切片や乾燥させた植物，ペーパークラマトグラム，薄層クラマトグラムなどの比較的大きな試料をX線フィルムや原子核乾板，IPなどに適切な時間密着させてオートラジオグラムを作成し，肉眼で観察，測定する手法である．図5.13にマクロオートラジオグラフィの例を示す[5)]．小動物の全身断面のオートラジオグラフィは，**全身オートラジオグラフィ**と呼ばれ，放射性医薬品を投与した小動物の試料から薬物の生体内での吸収と代謝を視覚的に観察できるため，医薬品開発などに用いられている．

• **ミクロオートラジオグラフィ**

細胞や組織片の微細構造など肉眼では観察が難しい試料が対象で，原子核乾板などでオートラジオグラムを作成し，その黒化度を光学顕微鏡で観察，測定する手法である．高い解像度が求められるため，原子核乾板に塗布する乳剤の粒径が0.05〜0.4 μm と小さいものを用いる．また，α 線は比電離が大きく解像度の低下を招き，γ 線は透過力が高く黒化した位置と線源の位置との判別が困難であるため，使用する放射性核種は，β^- 核種が望ましく，放出される β 線のエネルギーもより低いものがよい．

• **飛跡オートラジオグラフィ**

原子核乾板を利用し飛跡の位置や量だけでなく，方向や長さから放射線の種類やおおよそのエネルギーを観察，測定する手法である．要求される解像度は，ミクロオートラジオグラフィと同程度であるが，使用する原子核乾板には厚みがあり，塗布されている原子核用写真乳剤は，粒径が小さく均一で含有率が高い．

• 超ミクロオートラジオグラフィ

細胞内の微細構造を電子顕微鏡により高解像度で観察，測定する手法である．乳剤の粒径は，ミクロオートラジオグラフィで使用されるものと同等またはそれより小さい0.1 μm 以下ものを用いる．

オートラジオグラムの取得は，ハロゲン化銀の還元作用に伴う黒化現象を利用したX線フィルムや原子核乾板，もしくは，PSLを利用したIPが用いられる．ここで，X線フィルムとIPの原理を述べる．

(2)　X線フィルムの測定原理

ゼラチン中に塩化銀（AgCl）や臭化銀（AgBr），ヨウ化銀（AgI）などのハロゲン化銀（主に臭化銀）の微結晶または粒を均質に分散させた写真乳剤（photographic emulsion）を，ガラスや三酢酸セルロース（TAC）フィルムおよびポリエステル（PET）フィルムなどのベースに塗布したものである．一般的なX線フィルムの構造を図5.14に示す[6]．

フィルムの黒化現象は，放射線照射によって生成された潜像中心が現像処理によって黒化することで生じる．乳剤にAgBrを用いた場合の潜像の生成過程は

1. 放射線との相互作用により Br^- の軌道電子が電離し自由電子が生成する．
2. 自由電子が感光核に捕獲される．
3. この感光核は，負に帯電しているため Ag^+ を引き寄せ銀原子（Ag）を生成する．
4. この過程が繰り返され銀原子の集合体（潜像）が作られる．

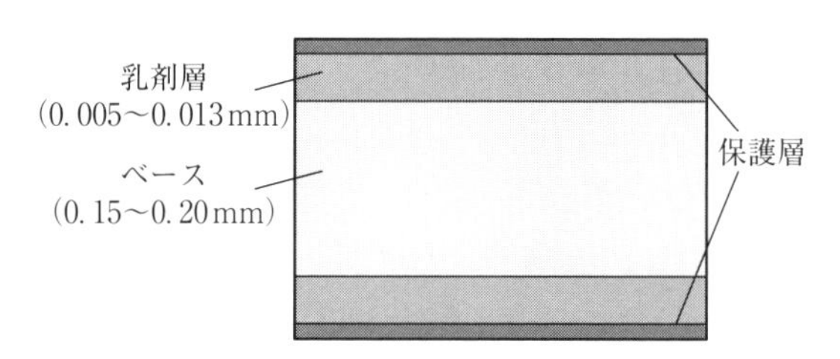

図5.14　X線フィルムの構造[6]

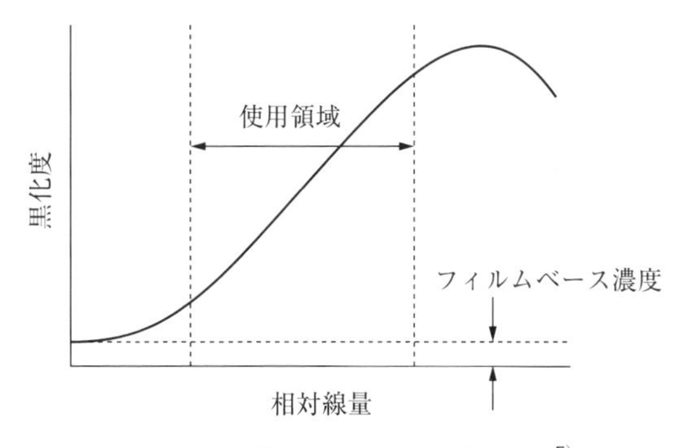

図 5.15 一般的な写真乳剤の感度曲線[7)]

である．この潜像は，放射線の露光を受けたごく一部のAgBrが銀原子（Ag）を生成した状態であるため，未露光のAgBrと見分けがつかない．そこで，現像処理を施すと，現像液の主薬が化学的にAg^+に電子を付与（還元）し，銀原子（Ag）を生成する．この生成量は，放射線の照射で生成された銀原子（Ag）の10^7〜10^8倍程度になり，黒化が進むことで可視化できるようになる．

原子核乾板の黒化現象も同様の過程で生じる．解像度は，乳剤の粒径を小さくすることで向上させることができる．ただし，可視光が露光されると黒化するため遮光しなければならない．図5.15に一般的な写真乳剤の感度曲線を示す[7)]．線量が低い領域では生成する金属銀粒子が少なく黒化度の測定は困難である．線量に黒化度が比例する領域では，定量的に線量分布の評価が行えるが，線量が高くなると金属銀粒子密度が過剰に大きくなるために，ソラリゼーション（solarization）が起こり黒化度は低下する．

その他，取り扱いが容易で，検出感度が高く，測定結果を半永久的に保存でき，飛跡オートラジオグラフィなどでは3次元的な位置情報だけでなく，線種やエネルギーの情報も取得できるなど多くの利点をもつ．一方で，現像処理が必要で暗室などの特別な施設や使用済みの現像液などの廃棄処理が必要になるなど操作や管理が煩雑であり，また，現像条件により結果が変化するため定量的な解析が困難であるなどの問題も持ち合わせている．

(3) IPの測定原理

IPは，PSLを利用した放射線イメージングデバイスである．図5.16に最も

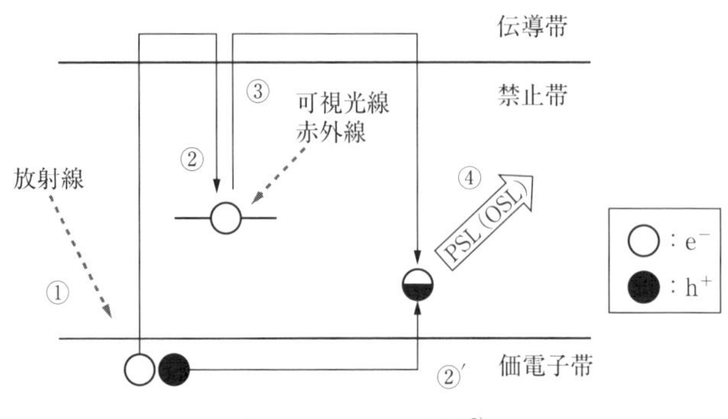

図5.16　PSLの原理[8)]

シンプルなPSLの原理をエネルギーバンドモデルで示す[8)].

- **放射線エネルギーの蓄積過程**

①：PSL素子にX線等の放射線が照射されると結晶中に自由電子（e^-）と正孔（h^+）が生成される．②：この電子と正孔は不純物や格子欠陥に関連した捕獲中心に捕らわれ準安定状態となる．この状態は，室温で保持される．また，吸収した放射線エネルギーが大きいほど，生成する電子や正孔の数が増えるため，当然に捕獲される電子や正孔の数も増加する．

- **蓄積した放射線エネルギーの放出過程**

③：放射線エネルギーが蓄積された状態（電子捕獲中心や正孔捕獲中心が生成された状態）のPSL素子を可視光や赤外線で励起すると捕獲されていた電子が再び自由電子となり伝導帯中を移動する．④：自由電子は正孔と再結合し，このときの余剰エネルギーを光として放出する．PSLは，電子と正孔が再結合する数が多いほど強くなる．すなわち，②で捕獲される電子や正孔の数(吸収した放射線エネルギー）に比例する．

オートラジオグラフィに用いられる代表的なIPであるBaFX：Eu^{2+}（X=Cl, Br, I）の場合は，放射線照射によって生成された自由電子は，結晶中に存在するF^{2-}やBr^-の格子欠陥（空孔）に捕獲され**F中心（Fセンター）**を形成し，正孔はEu^{2+}に捕獲されてEu^{3+}となる．この状態は，熱や光の励起がなければ室温で保存される（準安定状態）．この放射線のエネルギーが蓄積された状態に600 nm付近の赤色光を照射すると，F中心に捕獲されていた電子は，伝導帯に励起され，Eu^{3+} イオンに捕獲されていた正孔と再結合する．再結合エネルギーは，Eu^{2+} を励起し，励起状態から基底状態に電子が遷移する際に 400 nm 付近の蛍光（PSL）を生じる．この PSL 強度は，吸収した放射線エネルギーに比例するため，この強度分布を測定することで放射性核種の分布を可視化できる．

現像処理を必要とする X 線フィルムや原子核乾板と比較して，解像度はやや劣るが，感度が数百倍高く，露光時間を短縮できること，広い範囲にわたって吸収した放射線エネルギーと PSL 強度の比例性が高いため定量的な評価が可能であること，画像データがデジタルで取得できるため画像処理や演算，通信が容易であること，暗室が必要ないこと，など多くの利点があり，マクロオートラジオグラフィでは特に IP の利用が主流となっている．

5.2.2 アクチバブルトレーサ法

ここまで述べてきたように放射性同位元素をトレーサとして用いることは，微量元素の動向・分布の調査に効果的で，多方面にわたって利用されている．しかし，魚の回遊や地下水の流れの調査など，環境中に測定対象が分布している場合や，体内の代謝を調べる場合などは，放射性核種を利用した分析を行うことができない．そのような場合に，後に放射化して検出可能な安定同位体を用いて測定対象の分布や代謝を調べる方法を**アクチバブルトレーサ法**（activable tracer method）または，**後放射化法**という．ここで，代表的な例として実際に行われている魚の回遊調査のおおまかな手順を示す．

① トレーサ（安定同位体）を混ぜた餌を目的の魚に食べさせる．
② その餌を食べた魚の耳石やうろこにトレーサが蓄積する．
③ 自然界に放つ．
④ さまざまな場所で試料（魚）を採取する．
⑤ 採取した試料に原子炉等で中性子線を照射する．
⑥ トレーサが含まれた餌を食べた魚は，トレーサが放射化して特定の放射性同位元素を生成する．
⑦ 特定の放射性同位元素が検出された魚の採取場所と時期の関係を調べる．

実際にアクチバブルトレーサとして用いられる安定同位体は，理工学や環境

表 5.6　代表的なアクチバブルトレーサ[9)]

トレーサ	天然同位体存在比[%]	放射化断面積[B]	生成核種(半減期)	主な用途
理工学分野				
^{151}Eu	47.8	670	^{152m}Eu (9.3 h)	トンネル，ダム漏水の流れ
^{191}Ir	37.3	370	^{192}Ir (74.2 d)	石，砂の流れ
^{139}La	99.9	57	^{140}La (40.3 h)	同上
^{164}Dy	28.2	790	^{165}Dy (2.33 h)	排気ガスの流れ
^{115}In	95.7	148	^{116m}In (54.1 m)	同上
医学分野				
^{48}Ca	0.185	1.1	^{49}Ca (8.8 m)	Ca の代謝
^{58}Fe	0.31	0.9	^{59}Fe (45 d)	血球量の測定
^{50}Cr	4.31	11	^{51}Cr (27.8 d)	血球の寿命
^{36}S	0.016	0.14	^{37}S (5.1 m)	
^{41}K	6.91	1.0	^{42}K (12.4 h)	

分野では，放射化断面積が大きい ^{151}Eu や ^{164}Dy などの高感度トレーサが用いられ，医学分野では，体内にもともと含まれる元素と区別しやすいように，天然同位体存在比が低い ^{48}Ca，^{58}Fe などがトレーサとして用いられる．表 5.6 に代表的なアクチバブルトレーサを示す[9)]．

5.2.3 ラジオアッセイ法

抗原抗体反応や，**リガンド-レセプタ（受容体）反応**などは，特定の基質にしか作用しない**基質特異性**が高く，結合能も高い．これらの性質と放射性同位元素（RI）で標識した抗原（antigen）や抗体（antibody）を用いて，ごく微量の生理活性物質などを定量する方法を**ラジオアッセイ**（radioassay）**法**という．

(1)　ラジオイムノアッセイ

ラジオアッセイの代表的な手法である**ラジオイムノアッセイ**（radioimmunoassay：RIA）は，**放射免疫測定法**とも呼ばれ，ホルモンや酵素など多くの体内物質を定量できるため，肝機能検査などに利用されている．図 5.17 に RIA の原理を示す．まず，目的の物質（抗原：Ag）があるとき，RI で標識し

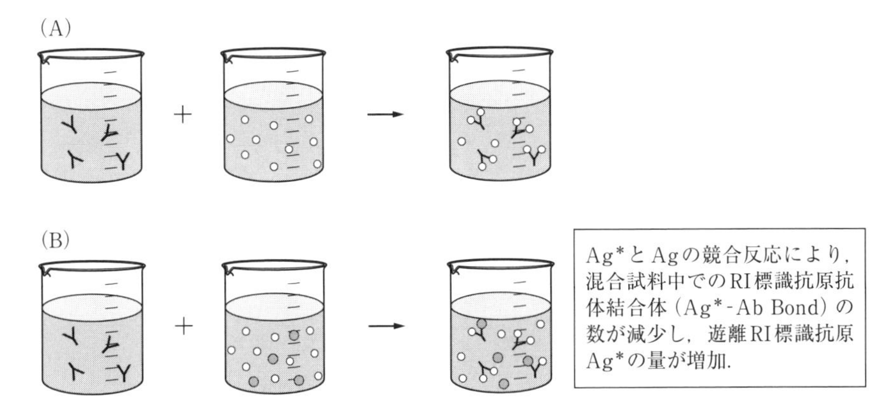

図 5.17 RIA の原理

た抗原（Ag*）とその抗体（Ab）を準備し混合すると，抗原抗体反応が生じる．その結果，RI 標識抗原抗体結合体（Ag*－Ab bond）が生成されるが，未反応の Ag* は遊離 RI 標識抗原として試料中に残る（図 5.17（A））．次に，Ag* だけでなく目的の物質である標識されていない抗原（Ag）も加えて，Ab と混合すると，Ag* と Ag が競合してAg*－Ab bond と Ag－Ab bond を生成し，未反応の Ag* と Ag は，それぞれ遊離して混合試料中に残る（図 5.17（B））．この未反応の Ag* の数は，加えた Ag の量に依存する．加えた Ag の量が増加すると，Ag* と Ag が競合して Ab と反応するので，Ag–Ab bond の生成数が増加することにより Ag*－Ab bond は減少し，結果として未反応の Ag* の数が増加する．目的の物質である標識されていない抗原（Ag）の加えた量と，Ag*－Ab bond の関係を表した**標準曲線（検量線）**が既知であれば，目的の物質の抗原量は，この標準曲線と目的の物質の RI 標識抗原抗体結合体（Ag*－Ab bond）の生成割合から求めることができる（図 5.18）．

(2) イムノラジオメトリックアッセイ

競合反応を利用した RIA とは異なり，抗原認識部位が異なる 2 つの抗体を挟んで抗原や抗体を定量する方法を**イムノラジオメトリックアッセイ**（immu-

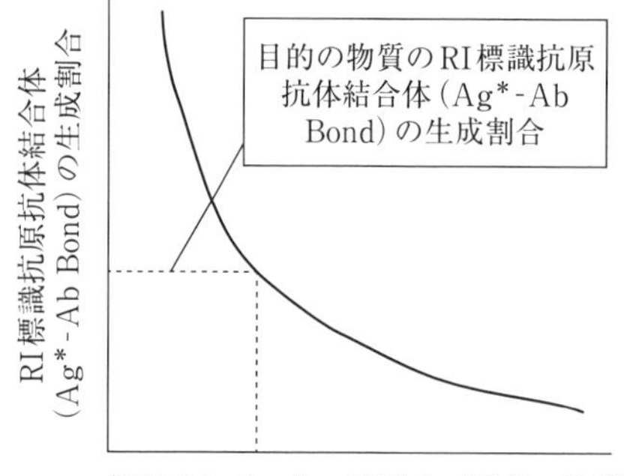

図5.18　標識されていない抗原（Ag）の添加量とRI標識抗原抗体結合体の生成割合（標準曲線）

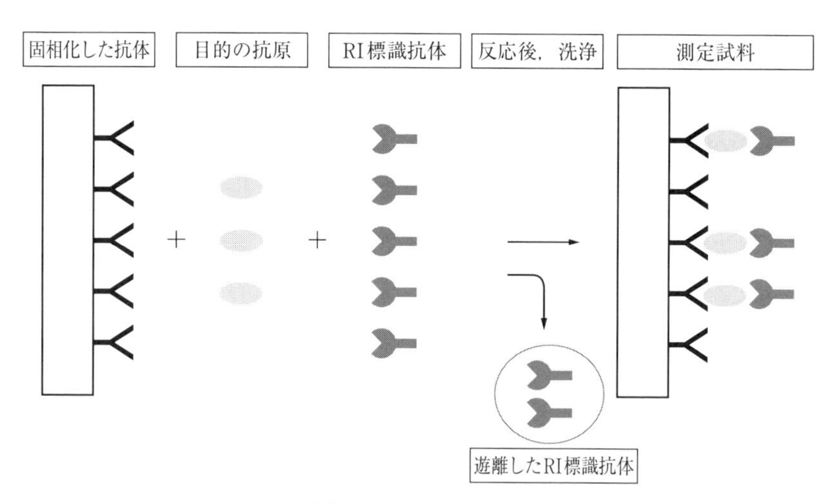

図5.19　IRMAの原理

noradiometric assay：IRMA）と呼ぶ．**免疫放射定量測定法**とも呼ばれる．図5.19にIRMAの原理を示す．担体などに結合させて固相化した抗体と，それとは抗原認識部位（エピトープ）の異なるRI標識抗体を準備し，目的の抗原と混合する．抗原抗体反応後，固相化した抗体がセットされたビーズを洗浄すると，未反応のRI標識抗体を除去できる．洗浄後，ビーズには，抗原認識部位が異なる2つの抗体のどちらとも反応した結合体が得られる．この結合体は，RI 標識抗体と結合したものであるため，ビーズに結合した放射能から抗原の量を求めることができる．このように，抗原を標識抗体と非標識抗体で挟むため**サンドイッチ法**とも呼ばれている．RIA と比較して，感度が 10〜100 倍程度高いため，極微量な物質の濃度測定に適している．

演習問題

5.1 放射分析法で正しいのはどれか．

1. 加速器による放射化を利用する．
2. 放射滴定法は間接法に分類される．
3. 短半減期核種で標識された化合物に有用である．
4. 直接法は分析試料と標識化合物の反応で生成した沈殿物の放射能を測定する．
5. 分析試料と標識化合物の反応によって沈殿物が生成されなくても分析可能である．

5.2 放射線を照射するのはどれか．

1. 放射分析
2. 放射化分析
3. 同位体交換法
4. 同位体希釈分析
5. ラジオイムノアッセイ

5.3 測定したい試料が放射性である場合に用いる分析法はどれか．

1. PIXE 法
2. 直接希釈法
3. 放射化分析法
4. 放射化学分析法
5. アイソトープ誘導体法

5.4 正しいのはどれか．

1. 放射性降下物 ^{90}Sr の分析は放射分析に分類される．
2. 同位体効果は原子番号が 6 より大きい元素で生じる．
3. 放射性炭素 ^{14}C を測定することで年代推定が可能である．
4. α 線を用いると高解像度のオートラジオグラムが得られる．
5. アクチバブルトレーサ法で用いるトレーサは非放射性の元素である．

5.5 放射化分析で生成される核種の放射能に影響しないのはどれか.

1. 核反応時の温度
2. 核反応時の照射時間
3. 試料中の生成前核種の数
4. 核反応に用いる粒子フルエンス率
5. 生成した放射性核種の壊変定数

5.6 放射化分析で正しいのはどれか.

1. 検出感度が高い.
2. 成分定量の精度が高い.
3. 自己遮へいの影響がない.
4. 使用する装置が安価である.
5. 多元素同時分析が可能である.

5.7 同位体希釈分析法で重量測定を要しないのはどれか.

1. 逆希釈法　　2. 不足当量法　　3. 直接希釈分析法
4. 二重希釈分析法　　5. 同位体誘導体法

5.8 直接希釈分析法で目的化合物に添加する放射性同位体の質量 Ma, 比放射能を Ra とし, 混合物の比放射能が Rm であった場合の目的化合物の質量はどれか.

1. $\left(1+\dfrac{Rm}{Ra}\right)Ma$　　2. $\left(1-\dfrac{Rm}{Ra}\right)Ma$　　3. $\left(\dfrac{Ra}{Rm}-1\right)Ma$
4. $\dfrac{Ma}{(Ra+Rm)}$　　5. $\dfrac{Ma}{(Ra-Rm)}$

5.9 オートラジオグラフィ法で正しいのはどれか.

1. イメージングプレート法は写真法よりも定量性が低い.
2. イメージングプレート法は写真法よりも高感度である.
3. α 線放出核種はミクロオートラジオグラフィに適している.
4. イメージングプレート法は光刺激ルミネセンスを利用する.
5. イメージングプレート法は写真法よりもダイナミックレンジが狭い.

5.10 オートラジオグラムで最も高い解像度が得られるのはどれか.

1. ^{3}H　　2. ^{14}C　　3. ^{32}P　　4. ^{35}S　　5. ^{59}Fe

〈参考文献〉

1) 放射能測定シリーズ No.24「緊急時における γ 線スペクトロメトリーのための

試料前処理法」，p.38，原子力規制委員会，2019
2) 立花太郎他：新実験化学講座 9 分析化学Ⅱ，p.196，丸善，1977
3) 立花太郎他：新実験化学講座 9 分析化学Ⅰ，p.444，丸善，1976
4) 花田博之他：放射化学（改訂 2 版），p.116，オーム社，2008
5) 福士政広編集：スリムベーシック　放射化学（改訂第二版），p.156，メジカルビュー社，2019
6) 齋藤秀敏他著：放射線計測学，p.195，共立出版，2020
7) 西谷源展他編：放射線計測学（改訂 2 版），日本放射線技術学会監修，p.55，オーム社，2013
8) 齋藤秀敏他著：放射線計測学，p.191，共立出版，2020
9) 前田米藏他著：放射化学・放射線化学，p.128，南山堂，2002

演習問題解答

【第 1 章】

1.1 1　**1.2** 1　**1.3** 2　**1.4** 4　**1.5** 4
1.6 4　**1.7** 1　**1.8** 1　**1.9** 3,4　**1.10** 5
1.11 2　**1.12** 4

【第 2 章】

2.1 4　**2.2** 5　**2.3** 2,5　**2.4** 4
2.5 1,3

解説：

1.　正しい．
2.　カラムには親核種の ^{99}Mo を吸着させている．
3.　正しい．
4.　放射平衡に達したあとの娘核種は，親核種と等しい半減期で減衰する．
5.　放射平衡にある核種では，娘核種は親核種から生成して最大値に達したあと，減少に転じ親核種と平衡となる．

2.6 2

解説：式（2.23）もしくは式（2.24）から計算する．

$$\frac{N}{N_0} = e^{-\lambda t} \cong 1 - \lambda t + \frac{(\lambda t)^2}{2} \cong 0.62$$

800 MBq×0.62 ＝ 496 MBq

【第 4 章】

4.1 2　**4.2** 5　**4.3** 2,3　**4.4** 3　**4.5** 4　**4.6** 4
4.7 4,5　**4.8** 1,3　**4.9** 2　**4.10** 4　**4.11** 2,4　**4.12** 3

【第5章】

5.1　2,4,5

解説：選択肢2と4は明らかに正しい．選択肢5　の「……沈殿物が生成されなくても分析可能である．」については，沈殿が生成しなくても放射分析法として定量が可能であるため正しい記述である．沈殿生成を伴わない放射分析法としては「錯形成反応による放射滴定」などがある．

5.2　2

解説：いずれも放射性核種を使用するが，放射線を照射して分析するのは放射化分析のみである．放射化分析は，非放射性の分析試料に中性子や高速荷電粒子，高エネルギー光子を照射すると種々の核反応により生成した放射性核種のエネルギーや半減期から目的の元素の同定や定量を行う分析法である．

5.3　4

解説：放射化学分析は，放射性核種を含む環境試料などの分析試料中の放射能を測定して，その核種の種類や量などを分析する方法である．

5.4　3,5

解説：放射性降下物 ^{90}Sr の分析は，放射化学分析に分類される．同位体効果は，原子番号が6より小さくても生じる．α 線は比電離が大きいため，解像度の低下を招く．

5.5　1

解説：標的核の原子数を N[個] とし，中性子束密度を f[個・m^{-2}・s^{-1}]，放射化断面積（核反応断面積）を σ[barn (10^{-28}m^2)]，壊変定数を λ[s^{-1}] とすると照射時間 t での生成放射能 A_t は $A_t = f\sigma N(1-e^{-\lambda t})$ となる．したがって，核反応時の温度は，放射能に影響を与えない．

5.6　1 ,5

解説：放射化分析は，中性子や高速荷電粒子，高エネルギー光子を照射するので原子炉や大型の加速器等が必要であり，装置は高価である．また，定量分析を行うことは可能であるが，精度は高くない．放射化時に放出される放射線の種類やエネルギー，試料自身の原子番号や密度，厚さに依存するが，自己遮へいの影響を受ける．

5.7　2

解説：不足当量法は，直接希釈法を応用したもので，目的の分析試料が安定同位体（非放射性）でも放射同位体のどちらの場合でも重量を測定することなく目的の元素や化合物を定量できる．

5.8　3

解説：混合前の総放射能 $R_a \times M_a$ と混合後の総放射能 $R_m \times (W_x + M_a)$ は，等しいので目的物質の重量を W_x とすると，$R_a \times M_a = R_m \times (W_x + M_a)$ が成立する．したがって，$W_x = \left(\frac{R_a}{R_m} - 1\right) \times M_a$ となる．

5.9　2,4

解説：イメージングプレート法は，現像処理を必要とする写真法と比較して，解像度はやや劣るが，感度が数百倍高く露光時間を短縮できること，広い範囲にわたって吸収した放射線エネルギーと PSL 強度の比例性が高いために定量的な評価が可能であること，画像データがデジタルで取得できるため画像処理や演算，通信が容易であること，暗室が必要ないこと，など多くの利点がある．また，α 線は比電離が大きく解像度の低下を招くため，ミクロオートラジオグラフィに適さない．

5.10　1

解説：解像度は，放射線種とエネルギーに依存する．放射線種は β^- 線が望ましく，放出される β 線のエネルギーは低いものがよい．

索　　引

〈ア　行〉

〈カ　行〉

〈サ　行〉

〈タ　行〉

〈ナ　行〉

〈ハ　行〉

〈マ 行〉

〈ヤ 行〉

〈ラ 行〉

〈英 名〉

〈著者紹介〉（執筆順）

前原　正義（まえはら　まさよし）
1990　年　福岡大学大学院理学研究科化学専攻博士後期課程修了
専門分野　放射化学，放射線治療
現　　在　国際医療福祉大学講師，博士（理学）

森川　恵子（もりかわ　けいこ）
2013　年　大分大学大学院医学系研究科博士課程医学専攻修了
専門分野　放射線医学，放射化学，放射線安全管理
現　　在　純真学園大学大学院保健医療学研究科准教授，博士（医学）

阪間　稔（さかま　みのる）
2000　年　東京都立大学大学院理学研究科博士課程単位取得退学
専門分野　放射化学，放射線計測学，放射線安全管理
現　　在　徳島大学大学院医歯薬学研究部教授，博士（理学）

鹿野　直人（しかの　なおと）
1994　年　東京理科大学大学院薬学研究科修士課程修了
専門分野　放射化学，核医学
現　　在　茨城県立医療大学保健医療学部准教授，博士（薬学）

伊藤　茂樹（いとう　しげき）
2005　年　名古屋大学大学院環境学研究科博士後期課程修了
専門分野　核医学，放射化学，放射線計測学，放射線安全管理
現　　在　熊本大学大学院生命科学研究部教授，博士（理学）

眞正　浄光（しんしょう　きよみつ）
2006　年　立教大学大学院理学研究科博士後期課程修了
専門分野　放射線計測学，放射線化学，放射化学
現　　在　東京都立大学大学院人間健康科学研究科准教授，博士（理学）

診療放射線基礎テキストシリーズ ⑤

放射化学

2020 年 9 月 25 日　初版 1 刷発行

検印廃止

著　者　前原正義・森川恵子・阪間　稔
　　　　鹿野直人・伊藤茂樹・眞正浄光

発行者　南條光章

発行所　**共立出版株式会社**

〒 112-0006　東京都文京区小日向 4 丁目 6 番 19 号
電話　03-3947-2511
振替　00110-2-57035
www.kyoritsu-pub.co.jp

一般社団法人
自然科学書協会
会員

印刷・製本：真興社
NDC 492.4 / Printed in Japan

ISBN 978-4-320-06191-0